Lebenswegorientierte Planung technischer Systeme

Wirtschaftswissenschaftliche Beiträge

Band 1
Christof Aignesberger
**Die Innovationsbörse als Instrument
zur Risikokapitalversorgung
innovativer mittelständischer
Unternehmen**
1987. 326 Seiten. Brosch. DM 69,-
ISBN 3-7908-0384-7

Band 2
Ulrike Neuerburg
Werbung im Privatfernsehen
– Selektionsmöglichkeiten des
privaten Fernsehens im Rahmen der
betrieblichen Kommunikations-
strategie –
1988. 302 Seiten. Brosch. DM 69,-
ISBN 3-7908-0391-X

Band 3
Joachim Peters
**Entwicklungsländerorientierte
Internationalisierung von
Industrieunternehmen**
– Eine theoretische und empirische
Analyse des Entscheidungsverhaltens
am Beispiel der deutschen
elektrotechnischen Industrie –
1988. 165 Seiten. Brosch. DM 49,-
ISBN 3-7908-0397-9

Band 4
Günther Chaloupek
Joachim Lamel und Josef Richter (Hrsg.)
**Bevölkerungsrückgang und
Wirtschaft**
– Szenarien bis 2051 für
Österreich –
1988. 478 Seiten. Brosch. DM 98,-
ISBN 3-7908-0400-2

Band 5
Paul J. J. Welfens und
Leszek Balcerowicz (Hrsg.)
**Innovationsdynamik im
Systemvergleich**
– Theorie und Praxis unter-
nehmerischer, gesamtwirtschaft-
licher und politischer Neuerung –
1988. 466 Seiten. Brosch. DM 90,-
ISBN 3-7908-0402-9

Band 6
Klaus Fischer
Oligopolistische Marktprozesse
– Einsatz verschiedener Preis-Mengen-
Strategien unter Berücksichtigung von
Nachfrageträgheit –
1988. 169 Seiten. Brosch. DM 55,-
ISBN 3-7908-0403-7

Band 7
Michael Laker
**Das Mehrproduktunternehmen in einer
sich ändernden unsicheren Umwelt**
1988. 209 Seiten. Brosch. DM 58,-
ISBN 3-7908-0413-4

Band 8
Irmela von Bülow
**Systemgrenzen im Management
von Institutionen**
– Der Beitrag der Weichen System-
methodik zum Problembearbeiten –
1989. 278 Seiten. Brosch. DM 69,-
ISBN 3-7908-0416-9

Heinz Neubauer

Lebenswegorientierte Planung technischer Systeme

Mit 46 Abbildungen

Physica-Verlag Heidelberg

Reihenherausgeber
Werner A. Müller

Autor
Dr. Heinz Neubauer
Daimler-Benz AG
Postfach 600202
D-7000 Stuttgart 60

ISBN-13: 978-3-7908-0422-5

CIP-Titelaufnahme der Deutschen Bibliothek
Neubauer, Heinz:
Lebenswegorientierte Planung technischer Systeme
Heinz Neubauer. – Heidelberg: Physica-Verl., 1989
  (Wirtschaftswissenschaftliche Beiträge; 9)
  Zugl.: Mannheim, Univ., Diss., 1988
  ISBN-13: 978-3-7908-0422-5   e-ISBN-13: 978-3-642-46903-9
  DOI: 10.1007/978-3-642-46903-9
NE: GT

7120/7130-543210

Vorwort

Die vorliegende Untersuchung wurde im Sommersemester 1988 von der Fakultät für Betriebswirtschaftslehre der Universität Mannheim als Dissertation angenommen. Sie entstand während meiner Zeit als Assistent von Prof. Dr. Gösta B. Ihde, Lehrstuhl für Allgemeine Betriebswirtschaftslehre und Logistik, dem ich für viele Anregungen, für die konstruktive Begleitung der Arbeit sowie die Übernahme des Erstgutachtens danke. Das Zweitgutachten hat Prof. Dr. Christoph Schneeweiß, ebenfalls Universität Mannheim, erstellt.

Dem SIEMENS-Forschungszentrum in München-Neuperlach, insbesondere den BORIS-Entwicklern Karl Mattern und Franz Treml, danke ich für die komfortablen Arbeitsmöglichkeiten während der Modellentwicklung.

Schließlich sei auf die Geduld und die Unterstützung vieler hingewiesen, ohne die diese Untersuchung nicht abgeschlossen worden wäre.

Heidelberg im Oktober 1988   Heinz Neubauer

INHALTSVERZEICHNIS

Abkürzungsverzeichnis

ACM	Association of Computing Machinery
AGARD	Advisory Group for Aeronautical Research and Development
AIDS	Aircraft Integrated System
ASMZ	Allgemeine Schweizerische Militär-Zeitschrift
BDE	Betriebsdatenerfassung(ssystem)
BORIS	Blockorientiertes Interaktives Simulationssystem
COCOMO	Constructive Cost Model
DBW	Die Betriebswirtschaft
DGLR	Deutsche Gesellschaft für Luft- und Raumfahrt
DKIN	Deutsches Komitée für Instandhaltung
DoD	Department of Defense
DSS	Decision Support System
GPM INTERNET	Jahreskongreß der Gesellschaft für Projektmanagement
i.o.	Industrielle Organisation
LCS	Loosely Coupled Systems
MIL-STD	Military Standard
PPBS	Planning-Programming-Budgeting System
VDA	Verein der Deutschen Automobilindustrie
VDI	Verein Deutscher Ingenieure
WT	Wehrtechnik
WWR	Wehrwissenschaftliche Rundschau
ZBB	Zero-Base Budgeting
ZfB	Zeitschrift für Betriebswirtschaft
ZfbF	Zeitschrift für betriebswirtschaftliche Forschung
ZfV	Zeitschrift für Verkehrswesen

1 Problemstellung

1.1 Die Bewirtschaftung technischer Systeme

1.1.1 Führungsaspekte

Sorgfältig angelegte Experimente und exakte Beobachtung unter kontrollierbaren Bedingungen ermöglichen (natur-) wissenschaftlichen Fortschritt. Der darauf aufbauende technische Fortschritt zwingt den Ökonomen sowohl in der theoretischen Diskussion als auch in der praktischen Umsetzung zu neuartigen Antworten auf schon häufig gestellte Fragen:

- Wie bewältige ich den technischen Wandel?

- Welche Möglichkeiten der Anpassung kann ich mir erschließen?

- Wie reagiere ich auf erkennbare Risiken?

- Wie nutze ich sich ergebende Chancen?

Im Regelfall werden bei solchen Fragestellungen in der betriebswirtschaftlichen Literatur Antworten von der Unternehmensleitung gefordert, die den Anteilseignern sowie im weiteren Sinne der Gesellschaft gegenüber für die langfristige Unternehmenssicherung verantwortlich zeichnet. Dazu reicht allerdings die Entscheidungsbefugnis allein nicht aus; die Autorität an der Spitze einer Organisation setzt auch die entsprechende Kompetenz voraus. Dabei wird eine Unternehmensleitung nach Möglichkeit auf die Unterstützung durch eigene Mitarbeiter oder im Einzelfall auf externe Beratung zurückgreifen.

Im Rahmen der angestrebten Unternehmensziele muß die Unternehmensleitung durch Entscheidungen über die Unternehmenspolitik auch dem technischen Fortschritt gerecht werden. Dabei kann von einer "kumulativen Dynamik technischer Entwicklungen"[1] im allgemeinen und im einzelnen von einer besonderen Dynamik gesprochen werden, die sich durch Entscheidungen im Zeitablauf auszeichnet. Es besteht dann die Gefahr, daß Entscheidungen jeweils mit dem Blick auf Nahziele getroffen werden, aber dabei im Zeitablauf ein selbständiges Moment entwickeln ('Sachzwänge'). Die Beeinflussung solcher 'Momente' sollte

---

1 Jonas 1984, S. 71f.

daher schon vor der ersten Entscheidung in einer Angelegenheit beginnen, da Korrekturen im Verlaufe solcher Entscheidungsketten, die in dieser Studie prinzipiell ein einzelnes technisches System betreffen, erfahrungsgemäß schwieriger und aufwendiger werden.

In Zeiten stabiler wirtschaftlicher Entwicklung erscheinen 'einfache' Verfahren der Planung ausreichend: Fortschreibung bisheriger Entwicklungen, erfahrungsgestützte Daumenregeln und verbindliche Pläne mit langen Planungshorizonten kennzeichnen diese Situation.

Bei unstabiler wirtschaftlicher Entwicklung dagegen sind Pläne und damit implizit angesprochene Entscheidungen ereignisabhängig auf weitere Gültigkeit zu überprüfen. Bei auftretenden Abweichungen des tatsächlichen Verlaufs von der Planung wird unter Umständen eine Planrevision notwendig, deren Umfang vom Ausmaß der Abweichung abhängt. Im Planungssystem der Unternehmung sollten in einem solchen Fall die Veränderungen rasch verarbeitet und umgesetzt werden können. Die Qualität des Planungssystems kann daher als Grundlage der langfristigen Unternehmenssicherung betrachtet werden.

Die Entscheidungen der Unternehmensleitung werden seit GUTENBERG als Wirkung des dispositiven Faktors betrachtet.[2] Durch die (technische) Entwicklung der elektronischen Datenverarbeitung erhält dieser Faktor verstärkte Bedeutung: Neben Kapital und Arbeit wird nicht nur die Tätigkeit der Unternehmensleitung, sondern die unternehmensweite Informationsverarbeitung insgesamt als Produktionsfaktor[3] betrachtet. Gerade in einer Zeit, die als Zeitalter der Diskontinuität charakterisiert wird (age of discontinuity),[4] gewinnen rechtzeitige Informationen, die zur Steuerung von Prozessen beitragen können, ihren besonderen, eigenständigen Wert.

Obwohl in der Betriebswirtschaftslehre auf Gewinnerzielung gerichtete Organisationen im Mittelpunkt des Interesses stehen, sind die Probleme, die bei der Bewirtschaftung technischer Systeme auftreten, auch in anderen Organisationen verbreitet. Vor allem im staatlichen Bereich finden sich Organisationen, die nicht primär auf die Erwirtschaftung von Gewinn zielen (können), dennoch aber technische Systeme betreiben.

---

2 vgl. Gutenberg 1970, S. 6ff.
3 vgl. Selig 1983, S. 5ff.; Eschenröder 1985, S. 28, S. 127–130
4 Drucker 1969

1.1.2 Mehrdimensionalität

Unter dem Begriff Systemplanung werden in der Praxis zwei unterschiedliche Vorgänge bekannt: Zum einen wird darunter eine wie auch immer geartete systematische Planung verstanden. Des weiteren - und für diese Studie grundlegend - kann darunter die Planung von Systemen verstanden werden, wobei natürlich auch hier Wert auf eine beschreibbare Systematik gelegt wird.

Veröffentlichungen zum Thema Systemplanung im soeben definierten Sinne bemerken häufig schon zu Beginn, die betrachteten Systeme seien 'komplex'. Ohne daß diese Feststellung hier in Frage gestellt werden soll, ist für den Leser aber sofort einleuchtend, warum die Feststellung wenig hilft. Planung als Prozeß versucht zunächst, unstrukturierte, empirisch zu beobachtende Sachverhalte in eine noch zu beschreibende Struktur zu überführen.

Dabei treten grundsätzlich zwei miteinander verbundene Schwierigkeiten auf: Erstens bedingt eine Strukturierung eine Scheidung in zur Struktur gehörige Probleme und auszuklammernde Fragestellungen. Zweitens werden schon beim Beginn der Strukturierung mögliche Kriterien deutlich, die später zur Bewertung von unterschiedlichen Methoden der Strukturierung herangezogen werden. Wenn die Kriterien auch noch lange nicht vollständig sein mögen, wird man sich nur in seltenen Fällen mit einem Kriterium begnügen können, wie es in dem klassischen Linearen Programm der Fall ist. Typischerweise treten bei der Lösung von Planungsproblemen Zielkonflikte auf, die, wenn die Ziele überhaupt miteinander vereinbar sind, durch Bewertung und eventuell notwendigen Kompromiß bereinigt werden müssen. Implizite oder erklärte Unternehmenspolitik, beschränkte Rationalität und Unsicherheit mögen genügen, um das Gesagte zu unterstreichen.

Um den unterschiedlichen Dimensionen des zu untersuchenden Problems gerecht zu werden, ist ein methodenorientiertes, systematisches Planungsverfahren notwendig, welches die unterschiedlichen Dimensionen zunächst abbildet, ehe es beim Strukturieren hilft. Um der oben eingeführten Komplexität gerecht zu werden, wird bei der Systemanalyse eine Zerlegung des Problems (Dekomposition) vorgeschlagen, die bei der Systemsynthese durch eine Zusammenfassung (Aggregation) rückgängig gemacht werden soll. Durch die vorgeschlagene Zerlegung wird allerdings die Anwendung der in der Wissenschaft erprobten ceteris-paribus-Annahme erschwert, da bei der Zerlegung selbst bei sorgfältiger Vorgehensweise Abhängigkeiten (Dependenzen) oder Interdependenzen unterbrochen werden, die bei späteren Aggregationen zu Schwierigkeiten führen (können).

Diese abstrakte Darstellung läßt sich an der Problemstellung dieser Studie erläutern: Technische Systeme (Anlagen, Betriebsmittel, Aggregate, Maschinen, Flugzeuge, Infrastruktureinrichtungen)[5] erfordern geeignete Bewirtschaftungsverfahren, die die Verfügbarkeit des Systems und die Qualität der Leistung bei niedrigem Aufwand sichern. Hohem Kapitaleinsatz stehen dabei erwünschte Produktivitätssteigerungen gegenüber. Die wirtschaftliche Handhabung solcher technischer Systeme stützt sich daher heute immer mehr auf EDV-gestützte Verfahren. Eine Planungsheuristik zur Handhabung eines technischen Systems wird mit dieser Studie vorgestellt.

Diese Thematik ist im Schnitt folgender betriebswirtschaftlicher Theorien angesiedelt: Investitionstheorie, Produktions- und Kostentheorie, Instandhaltungstheorie. Sie bedarf zusätzlicher Anleihen aus der Informatik und aus technischen Disziplinen (vgl. Abb. 1).

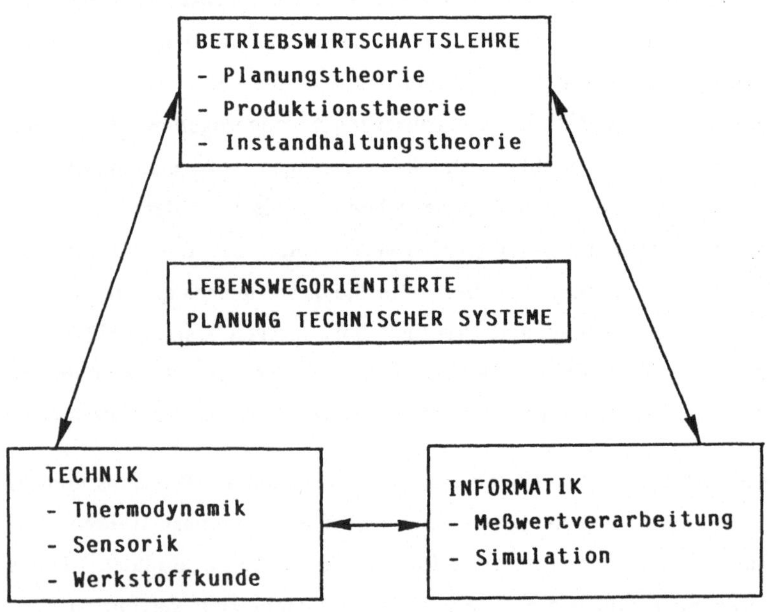

Abb. 1   Einordnung der Studie

---

5 vgl. Gutenberg, 1970, S. 70

1.1.3 Gestaltungsorientierung

Im folgenden sollen unter Berücksichtigung der Mehrdimensionalität Gestaltungshinweise für eine geeignete Planung der Bewirtschaftung technischer Systeme entwickelt werden. Dazu soll ein "gestaltungsorientierter Bezugsrahmen für die strukturelle und prozessuale Gestaltungsaufgabe"[6] entwickelt werden. Dieser Bezugsrahmen ist als Vorstufe zu praxeologischen Aussagen anzusehen. Für Entscheidungen über die Gestaltung sind folgende Elemente bestimmend:[7]

- Eine definierte Problemstellung

- Zielgrößen, auf die das praktische Handeln auszurichten ist (mittelbar disponibel)

- Aktionsparameter, die variiert werden können, um die Ziele zu erreichen (unmittelbar disponibel)

- Bedingungen, die die Wirkungszusammenhänge zwischen Zielen und Aktionsparametern beeinflussen (nicht disponibel), und

- Behauptungen über gestaltungsrelevante Zusammenhänge zwischen den einzelnen Elementen, insbesondere zwischen den Aktionsparametern und bestimmten Bedingungen.

Sowohl in struktureller wie in prozessualer Hinsicht (vgl. Kapitel 2) sollen daher Zusammenhänge erörtert werden, die mögliche Gestaltungsspielräume erschließen helfen, indem zunächst Freiheitsgrade identifiziert und anschließend genutzt werden.

1.2 Konzept der Studie

1.2.1 Ziele wirtschaftlichen Handelns

Trotz aller Faszination, die durch moderne Entwicklungen in Naturwissenschaft und Technik hervorgerufen wird, bleibt eine nüchterne und rationale Bewertung dieser Entwicklungen sinnvoll. Anders ausgedrückt: Den praktisch unbegrenzten menschlichen Bedürfnissen stehen nur beschränkte Mittel zur Verfügung. Knappe Mittel - Ressourcen - müssen daher bewirtschaftet werden.

---

6 Grochla 1982, S. 14
7 in Anlehnung an Grochla 1982, S. 14f.

Insbesondere Organisationen in arbeitsteiligen Gesellschaften, letztlich aber die Individuen, nehmen so ständig Wahlhandlungen vor. Sie wägen Vor- und Nachteile ab, bewerten in Nutzen- und Kostenkategorien, um sich für eine von mehreren denkbaren Alternativen zu entscheiden. Sich ständig verändernde Ansprüche und Erwartungen an Problemlösungen, beschränkte Budgets und staatliche Rahmendaten charakterisieren dabei die Problemlage für Industriebetriebe, Dienstleistungsunternehmen, gemeinnützige Institutionen und Privatpersonen gleichermaßen. Die für die Problemlösung geeigneten Produkte und Systeme, insbesondere im technischen Bereich, werden daher immer komplexer und nicht nur in der Beschaffung kostspieliger, sondern im allgemeinen steigen auch die Anforderungen an die logistische Betreuung während ihres Einsatzes. Somit wachsen die Anforderungen für eine vernünftige Bewirtschaftung der eingesetzten Ressourcen. Das Wirtschaftlichkeitsprinzip formuliert eine abstrakte Vorgehensweise.

Ziel dieser Arbeit ist es, das abstrakte Prinzip für einen noch zu konkretisierenden Anwendungsbereich zu erörtern, um durch eine gesteigerte Planungsqualität neben offensichtlichen Möglichkeiten indirekte Wirtschaftlichkeitseffekte aufzuspüren.

1.2.2 Ausgangslage

Das zu betrachtende Erfahrungsobjekt in dieser Studie ist der Lebensweg eines technischen Systems. Darunter versteht ROPOHL ein künstlich hergestelltes und planmäßig nutzbares Gebilde.[8] In der Praxis werden sie je nach Verwendung und Branche als Maschine, Gerät, Apparat, Anlage, Aggregat, Fahrzeug oder Flugzeug bezeichnet.[9] Das Erkenntnisobjekt besteht aus dem Tripel

{Mensch, Rechner, Aggregat}[10]

Aufgabe dieser Studie ist es, die Bedingungen zu diskutieren, die zur Minimierung des Ressourceneinsatzes beitragen. Die Aufmerksamkeit richtet sich dabei nicht nur auf das Aggregat an sich, sondern sie bezieht ein vielfältiges Bündel von Betreuungsmaßnahmen, insbesondere die logistischen Dienstleistungen in der Nachkaufphase (after-sales-service), wie Garantie-, Wartungs-, und

---

8 vgl. Ropohl 1979, S. 163
9 Diese Begriffe werden im folgenden, sofern nicht ausdrücklich anders angeführt, synonym verwendet.
10 vgl. Abschnitt 3.1.1

Instandhaltungsleistungen, aber auch Weiterentwicklungsüberlegungen bis hin zu Stillegungs- und Entsorgungsaktivitäten mit ein. Damit soll zu einer umfassenden rationalen Planung beigetragen werden.

Gegenstand der betriebswirtschaftlichen Erörterungen wird die Bewirtschaftung eines individuellen technischen Systems sein. Sämtliche Nutzen- und Kostenüberlegungen beziehen sich also je nach Planungsstand auf ein hypothetisches, ein zu planendes oder ein schon existierendes Aggregat. Der für die Bewirtschaftung im weitesten Sinne zuständige Mensch wird als Ingenieur oder auch als Manager angesprochen. Er wird bei seiner Tätigkeit von einem EDV-System unterstützt, welches ihm Daten über das Aggregat aufbereitet und Entscheidungen des Managers über das Aggregat dokumentiert und weiterleitet. Dadurch wird eine Dokumentation der auf das individuelle Aggregat bezogenen Entscheidungen im Zeitverlauf ermöglicht. Diese prozeßorientierten Ketten von Entscheidungen[11] dienen im weitesten Sinn der Steuerung des Lebensweges.[12] Dabei sind vor allem Entscheidungen wichtig, bei denen wesentliche Verzweigungen in einem Entscheidungsbaum durchlaufen werden oder bei denen die Einstellung eines Projekts (point of no return) noch wirtschaftlich vertretbar erscheint. Gerade in solchen Situationen kommt rechtzeitigen und nach Möglichkeit vollständigen Informationen sowie deren Aufbereitung entscheidende Bedeutung zu.

Naheliegendes Interesse an dieser Fragestellung kann bei Herstellern wie Betreibern technischer Systeme unterstellt werden. Insbesondere bei den Betreibern sollte ein breiter Blickwinkel dafür angestrebt werden, weil nicht nur die kommerzielle Unternehmung technische Aggregate in der Fertigung oder bei der Dienstleistungserstellung betreibt, sondern auch staatliche Dienststellen, zum Beispiel im Verteidigungsbereich, rechtlich als Sondervermögen geführte Institutionen wie die Bundesbahn oder die Bundespost und (halb-) staatliche Energieversorgungsunternehmen solche Aggregate unterhalten. Die typischen Fragestellungen sind zunächst unabhängig von der Institution, in der sie aufgeworfen werden.[13] Wohl aber können für die Planung wichtige Hypothesen, die zu prüfen sind, nur für eine bestimmte Institution interessant erscheinen oder die Vorteilhaftigkeit einzelner Alternativen unterschiedlich bewertet werden. - Entsprechend interessieren sich Anbieter oder Anbieterkoalitionen für eine effiziente Steuerung der Entwicklung und der Herstellung eines individuellen technischen Systems, da aufgrund der immer detaillierteren Anforderungen an ein zu erstellendes techni-

---

11 Zur einzelnen Entscheidung und ihrer Struktur vgl. Hax, 1974, S. 70ff; Gzuk 1977, S. 37ff.
12 vgl. hierzu Wäscher 1987, S. 297ff.
13 z. B. Frey 1980, S. 398ff.

sches System eine Tendenz zum Unikat feststellbar ist, zumindest bei den hochwertigen Systemen. Gleichzeitig müssen aber diese Unikate im Markt verfolgt werden, um so Erkenntnisse für die Entwicklung von nachfolgenden Systemen zu gewinnen. So wird dann die Rückkkoppelung zur Konstruktion (computer aided design) fruchtbar, die durch die Rückführung von elektronisch lesbaren Daten vom Systemnutzer zum Systementwickler die direkte Nutzung von Anwendererfahrungen bei der Systementwicklung ermöglicht.

1.2.3 Vorgehensweise

Die nachfolgende Abbildung 2 zeigt den Aufbau der vorliegenden Studie:

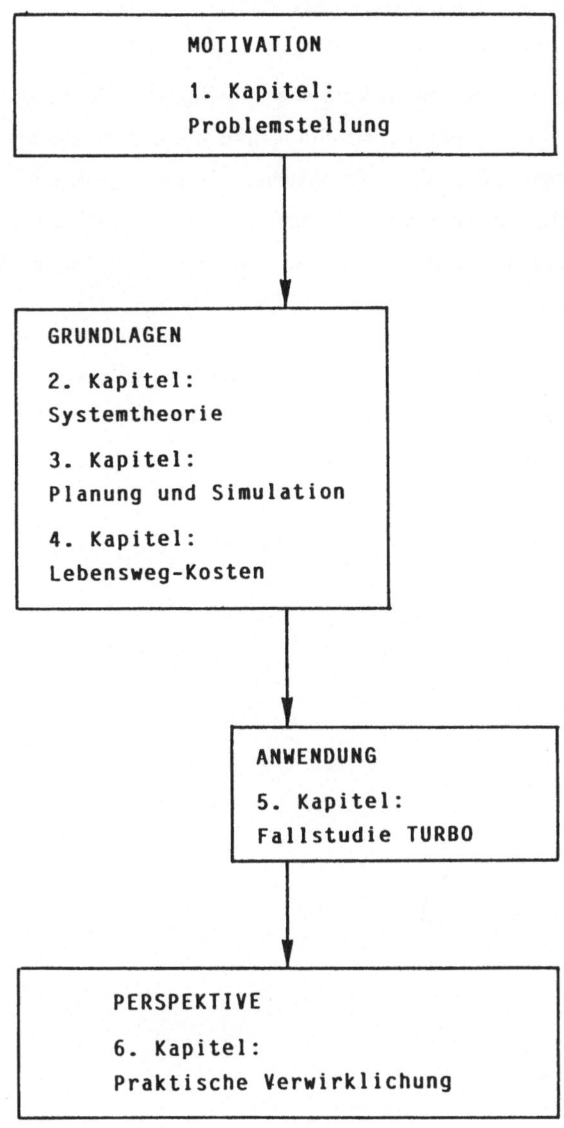

Abb. 2 Aufbau der Studie

Im Mittelpunkt der Erörterung stehen Substitutionsmöglichkeiten zwischen den Beschaffungskosten eines technischen Systems und den Folgekosten während der Nutzung des Systems. Auf den ersten Blick erscheint der Hersteller des Systems für die Beschaffungskosten verantwortlich, der Nutzer in Abhängigkeit von unterschiedlichen Betriebsstrategien für die Betriebskosten; allerdings hat schon der Hersteller bei der Entwicklung maßgeblichen Einfluß auf die zukünftigen Nutzungskosten, so daß die Zusammenarbeit von Hersteller und Anlagenbetreiber sehr viel kontinuierlicher und intensiver sein muß. Anzustreben ist daher ein einheitliches Planungsinstrument für alle am Lebensweg Beteiligten. Schließlich sei auch auf die lange vernachlässigte Außerdienststellung und die damit zusammenhängenden Kosten hingewiesen. Die dem technischen System zurechenbaren Kosten einer umweltverträglichen Beseitigung müssen während des gesamten Lebenswegs schrittweise geplant werden, um so weitere Entstehung von "Altlasten" und einem einschlägigen Sanierungsbedarf zu vermeiden.

Diese Fragestellung stammt ursprünglich aus dem Montanbereich,[14] sie ist aber bei allen technischen Systemen von Interesse; eine pragmatische Antwort weist überdies weit über die Bewirtschaftung eines einzelnen Aggregats hinaus.

---

14 vgl. Middelmann 1977, S. 50; vgl. auch Redeker 1969, S. 106f

2.1   Einführung in die mathematische Systemtheorie

Vom Selbstverständnis her gesehen erhebt die Systemtheorie den Anspruch, der Segmentierung von Problemen in verschiedene Wissenschaftsbereiche entgegenzuwirken. Neben einem interdisziplinären Arbeitsansatz ist dabei das methodische Vorgehen Teil des Anspruchs. ULRICH charakterisiert systemorientiertes Denken durch fünf Merkmale:[1]

- Ganzheitliches Denken in offenen Systemen

- Systemorientiertes Denken ist analytisches und synthetisches Denken zugleich

- Denken in kreisförmigen Prozessen (Regelkreis) und vielseitigen Interdependenzen

- Bedeutung von Struktur und Information

- Interdisziplinäres Vorgehen

So sehr die Systemtheorie als Schlüssel für eine Problemlösung eine einheitliche Terminologie fordert, so verschieden sind, je nach Wissenschaftsgebiet,[2] die Definitionen für den Begriff selbst.[3] Dies gilt auch für eine Theorie technischer Systeme.

Daher soll zunächst eine mathematische Formulierung vorgestellt werden, die durch Kompaktheit, Klarheit und Rechenbarkeit eine verläßliche Grundlage legen hilft.[4] Dazu werden drei unterschiedliche Mengen definiert, eine Input-

---

1 vgl. Ulrich 1972, S. 15f.
2 vgl. Klaus 1979, S. 800ff
3 vgl. Guntram 1985, S. 297; Ropohl 1979, S. 57ff.
4 vgl. Casti 1979, S. 6ff; vgl. auch Rieper 1979, S. 23ff

menge X, eine Outputmenge Y sowie eine Zustandsmenge Z, für die zwei Relationen gelten:

$$X \times Y \gg Z \qquad \text{(Schaltregel)}$$

$$X \times Z \gg Y \qquad \text{(Input-Output-Regel)}$$

Verkürzt sei referiert, daß beide Relationen äquivalent sind; in bestimmten Formulierungen können sie sogar in eine einzige überführt werden. Die erste Regel geht dann vom Zustandsraum-Ansatz, die zweite vom Input/Output-Ansatz aus.[5]

Praktisch alle Systeme weisen einige Eigenschaften auf, die zwar zu charakterisieren sind, sich aber einer mathematischen Formulierung vorläufig entziehen. Die Systemtheorie nutzt so eine vermeintliche Präzision in der Darstellung, es werden aber trotzdem nichtsystemische Ideen, Konzepte und Methoden 'eingeschleppt', was ZAHN zur Äußerung veranlaßt, es gäbe ein "Prinzip der fundamentalen Relativität jeder Systembeschreibung".[6] Er tritt daher auch der häufig geäußerten Aüffassung entgegen, Systemdenken fördere totalitäres Denken, da der Systemtheoretiker lediglich ganzheitliches Denken im Sinne der Homomorphie anstrebe, die Isomorphie praktisch immer unerreichbar bliebe.

Die soeben angesprochenen Eigenschaften faßt SHANNON folgendermaßen zusammen:[7]

- Wandel: Der derzeitige Zustand des Systems ist gleichzeitig Ergebnis der Vergangenheit und Grundlage der Zukunft. Kein reales System bleibt über eine lange Zeitperiode statisch. Elemente kommen oder verlassen das System, durch einen Geburt/Tod-Prozeß oder indem sie die Systemgrenzen überqueren.

- Umwelt: Jedes System besitzt seine eigene Umwelt und kann als Subsystem eines größeren Systems betrachtet werden. Die Umwelt eines Systems ist eine Menge von Elementen und ihrer relevanten Eigenschaften, welche, obwohl sie nicht Bestandteil des Systems sind, bei Veränderungen einen Wandel des Systemzustands hervorrufen können. So betrachtet besteht die Umwelt eines Systems aus allen externen Variablen, die das System beeinflussen können.

---

5 vgl. Guntram 1985, S. 301f.
6 Zahn 1979, S. 127
7 vgl. Shannon 1975, S. 36f

- Nichtintuitives Verhalten: Oberflächliche Untersuchung eines Systems wird manchmal eine aktive Korrekturmaßnahme nahelegen, die sich häufig als unwirksam oder gar als kontraproduktiv erweist. Ursache und Wirkung müssen nicht klar in Zeit und Raum gekoppelt sein; erste Anzeichen einer Wirkung können sich erst lange nach der Ursache bemerkbar machen. Vermeintlich offenkundige Lösungsmöglichkeiten können das Problem eher intensivieren als lösen helfen.

- Hang zu schlechterer Leistung: Systeme tendieren im allgemeinen zu mit der Zeit sich vermindernder Leistung. Teile des Systems werden verbraucht, und Ineffizienzen nagen an der Systemfunktion. Das nichtintuitive Verhalten verursacht mitunter schädliche Entwurfsveränderungen.

- Interdependenz: Keine Aktivität im System findet in Isolation statt. Jedes Ereignis ist von seinem Vorgänger beeinflußt und beeinflußt seinerseits seinen Nachfolger. Zusätzlich verlaufen Aktivitäten in der realen Welt zum Teil parallel ab und beeinflussen einander[8].

- Organisation: Praktisch alle Systeme bestehen aus hochgradig organisierten Elementen oder Komponenten. Teile sind in hierarchisch aufgebauten Subsystemen organisiert, die zusammenspielen, um die Systemfunktion zu erfüllen.

Obwohl das betrachtete System und seine Umwelt für den Betrachter objektiv erscheint, so ist es gleichzeitig subjektiv in dem Sinne, daß einige Elemente noch als dazugehörig, andere aber als nicht mehr dazugehörig klassifiziert werden.

Um diese Erörterung abzuschließen, wird noch auf drei unterschiedliche Situationen verwiesen.[9] Zum einen ist die Situation vorstellbar, in der ein System noch nicht existiert, zweitens eine, in der eine Struktur entworfen werden soll, die ein bestimmtes Verhalten zu erfüllen vermag (Synthese). Drittens ist eine Situation vorstellbar, in der das System im Entwurf oder tatsächlich existiert, seine Struktur bekannt oder feststellbar ist, aber das Verhalten des Systems gesucht wird (Analyse). Schließlich kann sowohl das System existieren als auch eine unbekannte Struktur vorliegen, die nicht zu ermitteln ist. Dann wird das Verhalten des Systems gesucht, um aus diesem die Struktur zu bestimmen (black box-Situation). Der Systemmananger kann sich in Abhängigkeit von der Phase im Lebensweg in jeder der Situationen befinden.[10]

---

8 vgl. Rieper 1979, S. 11 und die dort angeführte Literatur
9 vgl. Hubka 1973, S. 15
10 vgl. Abschnitt 5.4.1

Gleichwohl kann für den Entwickler wie für den Nutzer eines Systems die Masse aller Fragen abstrakt wie folgt verdichtet werden:[11]

- Unter welchen Bedingungen wird eine bestimmte Form von Systemverhalten produziert?

- Welche Konsequenzen hat eine Entscheidung innerhalb des Systems?

- Welche Auswirkungen hat eine Veränderung des Systems?

- Wie beeinflußt das Verhalten in einem Teil des Systems das Verhalten in einem anderen Teil?

- Wie hängen die Ergebnisse der Systemfunktion mit den Systemeingängen zusammen?

Um diese Fragen zu diskutieren, ist zunächst die Darstellung der Eigenschaften notwendig, die in der mathematischen Formulierung zwar angelegt, aber nicht offensichtlich sind.

2.2   Konnektivität (Zusammenhang) im System

Die grundlegende Voraussetzung für ein System ist zunächst eine zusammenhängende Struktur.[12] Das mag trivial klingen, hat allerdings weitreichende Folgen. Zum einen wird damit der Einsatz der Graphentheorie und im weiteren Sinne der Topologie gerechtfertigt, sie werden als Darstellungsmethode stellenweise schon mit der Anwendung der Systemtheorie gleichgesetzt. Die Methode, einen Zusammenhang zu formulieren, macht zugleich Aussagen über die Systemgrenze, indem zumindest für ein geschlossenes System häufig die kurze Definition 'keine Verbindung zu einem nicht hinzugehörigen Element' verwendet wird.

---

11 vgl. Furtek 1976, S. 8
12 vgl. Casti 1979, S. 35

DEUTSCH definiert ein konkretes, im Raum/Zeit-Kontinuum befindliches, charakterisierbares System durch folgende Eigenschaften:[13]

1. Der Zustand einer endlichen Anzahl von Elementen eines Systems weicht zumindest für einige Elemente während eines Zeitausschnitts von einer zufälligen Verteilung ab.

2. Die Interdependenz zweier Elemente in einem meßbaren Zeitintervall übersteigt das Rauschen.

3. Die Zahl der Transaktionen zwischen Systemelementen ist größer als die Zahl der Transaktionen zwischen dem System und der Umwelt.

4. Die Zahl der Transaktionen und die Intensität der Interdependenzen innerhalb des Systems ist wesentlich größer als die derjenigen, die die Systemgrenze überschreiten. Ein zu definierender Grad dieses Abfalls kann als Kriterium der Systemabgrenzung verwendet werden.

Der Unterschied zwischen offenen und geschlossenen Systemen wird an anderer Stelle näher erläutert.[14]

2.3 Komplexität

2.3.1 Begriff der Komplexität

Eine weitere, häufig aber leider auch unpräzise verwendete Eigenschaft wird mit dem Begriff Komplexität verbunden. Darunter wird im intuitiven Sinne meist 'Unvorhersehbarkeit' oder 'Kompliziertheit' verstanden. In einem strengeren Sinne können zwei miteinander verbundene Aspekte unterschieden werden:[15] Zum einen wird unter Komplexität die mathematische Struktur von nicht mehr zu reduzierenden Elementen, die zum System gehören, verstanden.[16] Zum anderen wird damit die Art und Weise beschrieben, wie die Elemente miteinander verknüpft sind.[17] Dies impliziert, daß Komplexität eine Eigenschaft des betrachteten Systems ist, also vom Betrachter abhängt. Diese relativistische Sichtweise wurde schon angesprochen. Der erste Aspekt ermöglicht eine Verringerung der

---

13 vgl. Deutsch 1980, S. 14f
14 vgl. Abschnitt 2.3.2.
15 vgl. Beensen 1970, S. 11ff., Casti 1979, S. 40ff.
16 von einigen Autoren wird dieser Aspekt als Elementvielfalt beschrieben (vgl. z.B. Ernst 1984, S. 16)
17 entsprechend wird dieser Aspekt als Beziehungsvielfalt bezeichnet

Komplexität durch Zusammenfassung von Elementen in Subsystemen. Dies kann solange Sinn machen, bis eine weitere Zusammenfassung die Interpretation des weniger komplexen Systems zu weniger Aussagen über das System führt. Der zweite Aspekt führt zu einer Qualifizierung des Zusammenhangs durch Untersuchung der Dimension, der Hierarchie oder der Länge von Ketten, die durch das Durchlaufen von Verbindungen entstehen.

Fügt man beide Aspekte zusammen, ergeben sich Möglichkeiten zur Quantifizierung der Komplexität:[18]

$$K = \frac{2 \sum_{j=1}^{m} p_j}{\sum_{i=1}^{n} a_i \left[\sum_{i=1}^{n} a_i - 1\right]} \qquad \begin{array}{l} p_j: \text{Relationen } (1,2,\ldots,m) \\[2ex] a_i: \text{Elemente } (1,2,\ldots,n) \end{array}$$

Abb. 3   Komplexitätsmaß

Im informationstheoretischen Sinne wird Komplexität als das Verhältnis zwischen dem vorhandenen, bedeutsamen Wissensstand und der zur vollständigen Abbildung notwendigen Informationsentscheidungen bestimmt.[19] Die Vollständigkeit der Abbildung hängt dabei von der Rückkopplung an den jeweiligen Entscheidungsvorgang ab. Die Verringerung des Abstands zwischen dem benötigten Wissen und dem vorhandenen Wissen ist Reduktion von Komplexität. Dabei muß der Beobachter nicht eine höhere Eigenkomplexität besitzen als das zu betrachtende System; Komplexität gibt es nicht 'an sich'.[20] Der Komplexitätsgrad wird durch die Wechselwirkung zwischen dem Betrachter, dem System und der relevanten Operation bestimmt. "Reduktion von Komplexität ist eine Form der Zunahme von Wissen. Anders ausgedrückt: Jede Erhöhung des Informationsstandes über einen Objektbereich bedeutet Reduktion von Komplexität."[21]

Den Analytiker interessiert zunächst, sich mit einer leicht veränderten Fragestellung auseinanderzusetzen, nämlich mit der Frage nach der (statischen) Struktur und der Frage nach dem (dynamischen) Verhalten in der Zeit.[22] Darüber hinaus wird

---

18 vgl. Thumm 1983, S. 15
19 vgl. Deutsch 1980, S. 12f.
20 vgl. Deutsch 1980, S. 13; vgl. dazu Ashby 1972, S. 129ff.
21 Deutsch 1980, S. 13
22 vgl. Casti 1979, S. 41; grundsätzlicher dazu Witt 1987, S. 9ff.

eine weitere Klassifizierung nach einer Entwurfs- und einer Steuerungskomplexität diskutiert. Während die Entwurfskomplexität auf die Mischung zwischen statischer und dynamischer Komplexität bei Abwesenheit der Steuerungskomplexität abstellt, bezieht sich die Steuerungskomplexität auf den Rechenaufwand, der benötigt wird, um das gesamte System unter kontrollierbaren Bedingungen zu halten.[23] Wenn die Entwurfs- und die Steuerungskomplexität sich in einer Balance befinden, wird dies als "evolution complexity" bezeichnet:

"An evolving organism transforms itself in such a manner that it maximizes the contact with the complete environment subject to reasonable control and understanding of the contacted environment."[24] Dabei kann unter Kontakt mit der Umwelt der Speicherbedarf verstanden werden, der notwendig ist, um in einem Computer das Systemverhalten zu simulieren; mit dieser Bedingung wird auf die Interaktion zwischen dem Organismus und der Umwelt abgehoben.

Bei den betrachteten technischen Systemen ist die Komplexität an sich nicht umstritten. Im Gegenteil, nicht vorhersehbare und nur schwer beherrschbare dynamische Entwicklungen stellen das Systemmanagement immer wieder vor neue Herausforderungen. Terminüberschreitungen aufgrund von diversen Änderungswünschen, die Nichteinhaltung von Budgets und der Einfluß von Qualitätsschwankungen bei Gütern und Dienstleistungen kennzeichnen eine Problemlage, in der ein kombiniertes Konfigurations-, Kosten- und Qualitätsmanagement notwendig erscheint.

2.3.2 Offenheit von Systemen

In unsere Diskussion muß an dieser Stelle eine neue Klassifikation eingeführt werden, nämlich die Unterscheidung zwischen offenen und geschlossenen Systemen. Geschlossene Systeme sind Systeme, die keinerlei Wechselwirkung mit ihrer Umgebung aufweisen. Beispielhaft seien die Regelungstheorie oder andere mathematische Gleichungssysteme angeführt.

Demgegenüber sind offene Systeme nicht abgeschlossen: sie sind von ihrer Umwelt abhängig, sie tauschen Stoffe, Energie und Informationen mit ihrer Umwelt aus.[25] Nach dieser Definition sind mit Ausnahme des Universums alle Systeme offen; alle anderen Systeme können als Subsysteme des Universums aufgefaßt und damit als offen interpretiert werden. Der Hauptunterschied besteht in

---

23 vgl. Casti 1979, S.44
24 Casti 1979, S. 110
25 vgl. Lockemann 1978, S. 68ff.; Kornwachs 1984, S. 8ff.

der Zeitunabhängigkeit des geschlossenen Systems. Im Gleichgewicht braucht ein geschlossenes System keinen Austausch mit der Umwelt. Ein offenes System kann dagegen einen zeitunabhängigen Zustand ('steady state') erreichen, der aber von verschiedenen Anfangszuständen ausgeht. Aber auch im steady state findet ein permanenter Austausch mit der Umwelt statt.

Ein offenes System hat so eine oder mehrere der folgenden Eigenschaften:[26]

1. Wholeness: Wenn das System durch eine Menge von Variablen beschrieben werden kann, meint die Eigenschaft whole, daß Veränderungen in einer Variablen Veränderungen in allen anderen Variablen bewirken. Dies braucht nicht sofort einzutreten, beispielsweise hängt ein Zustand von seinem vorhergehenden Zustand ab und bestimmt seinen Nachfolger.

2. Summativity: In einigen Systemen können die Variablen als voneinander unabhängig betrachtet werden. Die Variation des gesamten Systems ist dann mindestens die Summe der einzelnen Variablenvariationen.

3. Differentiation: Offene Systeme tendieren zur Spezialisierung der Funktionen.

4. Mechanization: Progressive Segregation, wenn also die Wechselwirkungen in der Zeit sich verringern, führt zu einem Verlust an Regelbarkeit.

5. Centralization: Ein Teil des Systems wird in der Zeit dominant.

6. Transformation of Energy: Die Form der Transformation kann durch die Schaltregel beschrieben werden.

7. Information input, negative feedback, and the coding process: Negative Rückkopplung ermöglicht die Korrektur von Abweichungen vom Systemziel. Coding wirkt als Filter zwischen akzeptiertem und zurückgewiesenem Input.

8. Negative entropy: Während geschlossene Systeme zum Gleichgewicht tendieren, können offene Systeme durch Energieinput umkehren und dennoch ihre Organisation erhalten.

9. Growth in time: Wachstum.

10. Equilibrium, stability, steady state and dynamic homeostasis: Katabolische und anabolische Vorgänge erhalten den steady state.

---

26 vgl. Saaty 1985, S. 74ff.

11. Cycle of events: Viele Systeme erbringen ihre Leistung in kürzeren oder längeren, sich wiederholenden Zeitabständen.

12. The strange attractor: 'Chaos'-Erscheinungen, Bifurkation.

13. Finality of ultimate purpose: Im voraus bekanntes Systemziel.

Allerdings lassen sich offene Systeme dennoch über Invarianzen und Gesetzmäßigkeiten[27]"schließen", um sie zum Beispiel rechenbar zu machen. Technische Systeme sind in diesem Sinne offen, allerdings wird eine Berechnung durch die Eigenschaften der eingesetzten Technologien bestimmt. So finden sich in den heutigen Aggregaten beispielsweise mechanische Systeme mit kontinuierlichem Verschleiß und der Möglichkeit eines plötzlichen Bruchs bei Überlastung, aber auch elektronische Subsysteme mit einem plötzlichen Ausfall. Nicht nur bei der Informationstechnik sind Tendenzen zur Diskretisierung zu beobachten, die eine Zerlegung von Funktionen in einzelne Teile begünstigen, die aber auch zu einer Vermehrung der Einzelteile, die die Funktionen wahrnehmen, führt. Ähnliche Tendenzen gibt es in vielen, von der Elektronik beeinflußten Gebieten der Technik. Die Komplexität einer Anlage stellt die Rechenbarkeit nicht in Frage, sondern weist auf die schon angesprochene und gebotene Abwägung von Kosten mit Kosten hin.

2.3.3 Zeitlichkeit

In den Naturwissenschaften wird der Begriff 'klassisches System' immer dann gebraucht, wenn von Gleichgewichtsüberlegungen in geschlossenen Systemen ausgegangen wird. In ihnen ist die Zeit ein mathematischer Parameter, der die Beschreibung von zeitlosen Zuständen erlaubt. In diesem Verständnis ist Zeit eine Koordinate ohne Richtungsangabe, "ein eindimensionales, kontinuierliches, homogenes und stetiges Gefüge".[28]

Sofern Abgeschlossenheit im obigen Sinne unterstellt wird, wird die Komplexität selbst zur Debatte gestellt: "Offenheit, Komplexität und Zeitlichkeit sind hingegen Merkmale der nichtklassischen Systeme, in denen keine Determiniertheit mehr herrscht, dessen künftige Entwicklung nicht mehr unbedingt vorausgesagt werden kann".[29] Die Annahme der Reversibilität der Zeit muß bei den offenen Systemen fallengelassen werden. In diesem zweiten Zeitverständnis wird die Zeit als

---

27 vgl. Witt 1987, S. 5
28 Wehrt 1984, S. 434
29 Kornwachs 1984, S. 9f.

gerichtet angesehen. Man spricht dann auch von der "Anisotropie der Zeit".[30] Nun werden Ströme von Informationen, Energie und Materie im Raum beschreibbar, ohne daß mit dieser Kennzeichnung eine Aussage über Kategorien wie Vergangenheit, Gegenwart und Zukunft gemacht wird. Während bei den klassischen Systemen eine Symmetrie der Zeit angenommen wird, liegt hier die Annahme der Asymmetrie der physikalischen Zeit zugrunde.

Schließlich ist aber noch eine weitere Steigerung zu einem dritten Zeitverständnis möglich, da beispielsweise das thermodynamische Phänomen der Entropie nicht nur ein in der Zeit anisotropes Verhalten aufweist, sondern zudem ein stetiges Wachstum. Dieses unterscheidet die Entropie von einem allein gerichteten Verhalten.

Die vorhandene Irreversibilität der Zeit führt in die Systemtheorie eine vorher nicht vorhandene Dimension ein, die Dimension der Geschichte,[31] mit der Zuordnung von Vergangenheit, Gegenwart und Zukunft zu der Dreiteilung Faktizität/Notwendigkeit, Wirklichkeit und Möglichkeit.[32]

Bei einer in dieser Arbeit angestrebten Analyse bekommt insbesondere die Verschränkung aller drei Zeitverständnisse einen hohen Rang. Nur so können Lernprozesse (als Variable) in die Systemtheorie eingeführt werden, was weitreichende Auswirkungen auf die Bewirtschaftung technischer Systeme hat, weil nur damit der Evolution von Systemen Rechnung getragen wird.

Evolution heißt in diesem Zusammenhang

- Wachstum in beschränkter Freiheit,

- hierarchische Integration und

- Sukzession durch zunehmend leistungsfähigere Systeme[33]

Entsprechend liegt es nahe, analoge Evolutionsstrategien in Technik und Biologie[34] vorzuschlagen, um mit Hilfe der Analogiebildung zu neuen Erkenntnissen zu gelangen.

Wohl zu unterscheiden von der Systemveränderung der Evolution von Systemen ist die Untersuchung des Systemverhaltens.

---

30 Wehrt 1984, S. 440
31 vgl. Wehrt 1984, S. 440ff.
32 vgl. Weizsäcker 1939, zit. nach Wehrt 1984, S. 485
33 vgl. Dyllick 1982, S. 281
34 vgl. Rechenberg 1973, S. 45ff.

Vereinfachend kann formuliert werden, ein Prozeß sei als Veränderung von Zustandsweisen der einem System zugehörigen Elemente definiert. Der Zustand ist dann durch die zu einem Beobachtungszeitpunkt festgestellte Verteilung von Stromgrößen im System determiniert.[35] Unter Prozeß wird also das Zeitverhalten von Systemelementen verstanden.[36]

2.3.4 Dimensionen der Komplexität

Ein wesentliches Argument für die Anwendung der Systemtheorie stellt der Anspruch dar, komplexe Zusammenhänge durch sie besser begrifflich erfassen zu können und sie so für die Diskussion zu erschließen. Ausgehend von der allgemeinen Systemtheorie in verschiedenen Formulierungen, beginnen die Auseinandersetzungen bei der Anwendung immer dort, wo konkrete Tatbestände beschrieben und, noch wichtiger, Handlungsanweisungen abgeleitet werden sollen. Diese Konkretisierung führt notwendigerweise situative, 'geschichtliche' Faktoren ein, die die Verallgemeinerung von Schlußfolgerungen in Frage stellt. In Anlehnung an LUHMANN[37] unterscheidet BERGMANN[38] zumindest für die soziologische Systemtheorie drei Dimensionen der Komplexität, nämlich

- die Zeitdimension,

- die Sachdimension und

- die Sozialdimension.

Das Eigentümliche hierbei ist, daß die Betrachtung einer Komplexitätsdimension nur in bezug auf eine oder beide andere Dimensionen problematisch wird. Er führt dies auf die Beschränkungen des Menschen zurück.

BERGMANN weist dabei auf die Beschränkung der Möglichkeiten, durch die Zeit hin, anders zu sein, indem eine Abfolge von Ereignissen über die zeitliche Dimension vorgegeben wird, ohne daß etwas über die beiden anderen Dimensionen ausgesagt wird: "Zeit kann also als Reduktion von Komplexität begriffen werden, da sie die Vermittlung zwischen der Komplexität der Welt (Anm: des Universums) und der Aktualität des Erlebens leistet, und zwar entweder, indem die Gegenwart des Erlebens aktuell selektiv voranschreitet oder indem die Gegenwart als feststehender Punkt im Durchlauf der Zeit Zukünftiges in Gegen-

---

35 vgl. Lockemann 1978, S. 68f.
36 vgl. Deutsch 1980, S. 15; vgl. dazu Atkin 1981, S. 180; Rieper 1979, S. 9ff.
37 vgl. Luhmann 1968, S. 5
38 vgl. Bergmann 1981, S. 80f.

wärtiges verwandelt."[39] Diese Selektivität der Zeit, die Komplexität reduzieren kann, ist 'evolutionär variabel': Durch die Trennung der Zeit- und Sachdimension der Komplexität wird eine prinzipielle Zeitpunktunabhängigkeit der Analyse möglich, die eine Analyse invarianter Tatbestände erlaubt, die selbstverständlich nicht zeitunabhängig sein müssen. Die Ermittlung von Zweck-Mittel-Relationen[40] wird ermöglicht durch eine "Verzeitlichung der Komplexität":[41] Längere Ketten von Entscheidungen und Handlungen werden durch das Hinausschieben des Zieles (und des Entscheidungshorizontes) ermöglicht (Sachdimension). Die Konsensbildung bei der Entscheidungsfindung kann länger dauern (Sozialdimension).

Für die Neuzeit diagnostiziert LUHMANN[42] Bedingungen der Verknappung von Zeit, da Zeit an sich nicht knapp sei. Wesentlich in seiner Darstellung ist dabei die Differenz von Erwartung und tatsächlicher Erlebenskapazität. Er erklärt also das heutige Zeitbewußtsein ökonomisch und unterscheidet dabei zwischen zwei Fällen:

Zum einen geraten die subjektive 'Eigenselektivität' und die von außen induzierte 'Fremdselektivität' (welche ja nur in einem offenen System auftreten können) so lange nicht in Konflikt, als die Abstimmung zwischen Erwartungsstruktur (Sach- und Sozialdimension) und Zeithorizont (Zeitdimension) durch einen "geschlossenen und wiederkehrenden Zeitverlauf"[43] gekennzeichnet ist.

Zum anderen kann die Systemdifferenzierung zu Konflikten zwischen der Eigen- und der Fremdselektivität führen, "indem Systeme aus ihrem Zeithorizont heraus Ansprüche an die Zeit anderer Systeme stellen, die deren Zeitpläne verzerren können."[44]

So einleuchtend die Argumentation erscheint, so bleibt darauf hinzuweisen, daß der Begriff des Bewußtseins natürlich auch in die soziale Dimension hineinragt und insofern die Analyse nicht stringent durchgehalten wird. Dennoch weisen diese Ausführungen auf analoge Probleme bei der Bewirtschaftung von technischen Systemen hin. Vermerken wir die Form des sozialen Zeitbewußtseins (Vergangenheit, Gegenwart und Zukunft), auf die schon oben Bezug genommen wurde, so ist davon eine weitere Diffenzierung zu unterscheiden, die "reale zeit-

---

39 Bergmann 1981, S. 82
40 vgl. Luhmann 1973, S. 53f.
41 Luhmann 1974, S. 260
42 vgl. Luhmann 1968, S. 3
43 Bergmann 1981, S. 82f.
44 Bergmann 1981, S. 83

liche Ereignisordnung"[45] früher/ gleichzeitig/ später, wobei unter Ereignis hier eine Zustandsänderung des betrachteten Systems verstanden wird. Während die erste Reihe die Komplexität des Zeitbewußtseins beschreibt, kennzeichnet die zweite Reihe die zeitliche Komplexität des Systems. Es ist also bei der Analyse sorgfältig zu beachten, ob unter 'System' nur das betrachtete Objekt angesprochen oder der Beobachter eingeschlossen und eine Metaanalyse angestellt wird.

Die Sach- und Zeitdimension der Komplexität stehen bei der lebenswegorientierten Bewirtschaftung technischer Systeme im Blickfeld, während die Sozialdimension demgegenüber zurücktritt. Andererseits sorgt aber gerade die Sozialdimension für die Offenheit des technischen Systems, da Informationen praktisch ausschließlich über den Systemmanager in die Betrachtung eingeführt werden: Planungsvorhaben, Ereignisse, die eine Umplanung erforderlich machen, sowie die Entscheidung über die Außerdienststellung.[46]

2.4   Stabilität und Wandel

2.4.1   Zeitliche Komplexität

Um die begonnene Diskussion abzurunden, soll zunächst die Differenzierung der zeitlichen Komplexität vorangetrieben werden, da die zu diskutierende Systemeigenschaft Stabilität praktisch nur unter zeitlichen Gesichtspunkten bewertet wird.

BERGMANN bestimmt die Dimensionen zeitlicher Komplexität wie folgt:[47]

1. Dimension: Größe und Zahl der Elemente

"Zahl der gleichzeitig in einem bestimmten Zeitraum strukturell möglichen oder prozessual verwirklichten Zustandsänderungen, die Zahl der nach früher/ später unterscheidbaren Ereignisse."

---

45 Bergmann 1981, S. 231
46 In der beschränkten Abbildung der Wechselwirkungen zwischen den einzelnen Dimensionen der Komplexität liegt die Ursache, warum die Netzplantechnik bei größeren Projekten an ihre Grenze stößt: Sie bildet die zeitliche und (beschränkt) die Sachdimension ab, vernachlässigt aber die Wechselwirkungen (vgl. Abschnitt 2.5.1).
47 Bergmann 1981, S. 231ff.

Mit anderen Worten: Je häufiger eine Zustandsänderung und je größer eine Strukturdifferenz, desto komplexer oder, in einer anderen, weit verbreiteten Terminologie, desto dynamischer ist das System. Dabei ist eine Steigerung der Komplexität durch Steigerung der Änderungsgeschwindigkeit (mehr gleichartige Prozesse in einem Zeitraum) und/oder durch Steigerung der Systemdifferenzierung (mehr andersartige Prozesse in einem Zeitraum) vorstellbar, sieht man von einer Wechselwirkung zwischen der zeitlichen, sächlichen und sozialen Komplexität zunächst ab.

2. Dimension: Varietät

"Nicht allein die Anzahl von Zustandsänderungen oder Strukturdifferenzen bestimmt den Komplexitätsgrad, sondern auch der Grad ihrer zeitlichen Differenz, also im wesentlichen der Grad der Kontinuität bzw. Diskontinuität zwischen den Ereignissen."[48]

Hier ist das Maß die Neuartigkeit oder die Andersartigkeit von Zuständen; die Fortdauer eines Zustandes oder die Wiederholung von gleichen Ereignisfolgen steigern die zeitliche Komplexität demnach nicht. Allerdings bezieht sich diese Dimension auch auf die Anisotropie der Zeit, weil bei der Beurteilung der Neu- und Andersartigkeit auf Früher/Später-Beziehungen zurückgegriffen wird.

3. Dimension: Interdependenz/ Grad der Selektivität

"Die Zunahme der Zahl sowie des Grades möglicher und wirklicher Veränderungen erhöht die Zahl der kombinatorischen Verbindungsmöglichkeiten in einem System überproportional, so daß die positive Zunahme an Systemgröße und Varietät durch die Etablierung selektiver Strukturen ergänzt werden muß, soll das System nicht durch totale Interdependenz handlungsunfähig werden. Im Fall der zeitlichen Strukturen besteht der negative Ausscheidungseffekt in der unaufhebbaren zeitlichen Ordnung von Ereignissen oder Zuständen. Die zeitlichen Strukturen der Gleichzeitigkeit bzw. der Sukzessivität von Wandlungsprozessen bilden hier die selektiven Strukturen, d. h. die Beschränkung des zeitlich Möglichen und des zu Verwirklichenden."[49]

Vor allem diese dritte Dimension spricht dafür, daß die zeitliche Komplexität schon in einer sehr frühen Phase der Systemanalyse zu berücksichtigen ist, wenn sie effizient sein soll.[50]

---

48 Bergmann 1981, S. 232
49 Bergmann 1981, S. 233
50 vgl. Abschnitt 3.1.2.3

Schließlich soll schon hier auf eine weitere methodische Entscheidung aufmerksam gemacht werden; sofern nämlich eine Bagatellgrenze, die eine gewisse Komplexität markiert, überschritten wird, wird eine anzustellende Systemanalyse nicht mehr in einem einzigen Durchgang abzuschließen sein, sondern es wird ein mehrstufiger Prozeß erforderlich.[51] Dieser läuft in einzelnen Schritten ab, in denen vorläufige Fassungen entworfen und korrigiert werden, häufig in Teamarbeit.[52] Selbst eine fertiggestellte Fassung unterliegt dem Zwang zur Änderung, da für Erklärungs- und Entscheidungszwecke die Veränderungen des betrachteten Ausschnitts (selektive Strukturen) und sich verändernde Bewertungen einbezogen werden müssen.

2.4.2 Flexibilität und Überleben

Betrachtet man komplexe und dynamische Systeme und die zugehörige Umwelt, so stellt sich dem Betrachter die Frage nach der Stabilität, nach dem Überleben des Systems.[53] Anders formuliert: Die Wandlungsfähigkeit des betrachteten Systems stellt die Überlebensmöglichkeit sicher, wenn es zu Systemkrisen kommt. Die Ursache einer solchen Krise kann dabei im Systeminneren durch 'Aufschaukeln' entstehen. Aus der Systemumwelt kann das System aber auch überfordert werden. BATESON[54] definiert Flexibilität oder Wandlungsfähigkeit als "ungebundene Potentialität der Veränderung". Damit sind sogenannte freie Ressourcen angesprochen, die zum Zwecke der Wandlung eingesetzt werden können. Ähnlich wird von DEUTSCH[55] Wandlungsfähigkeit mit Anpassungsfähigkeit und Adaptivität synonym verwendet und als Fähigkeit "zu umfassender oder fundamentaler Neuordnung der inneren Struktur und damit die Fähigkeit zu umfassender Verhaltensänderung" verstanden, was an den strukturellen wie den dynamischen Aspekt eines Systems erinnert.

In einem anderen Zusammenhang wird präziser zwischen einer notwendigen Bedingung, nämlich der Verwendung der Systemtheorie bei der Problemlösung, und einer hinreichenden Bedingung, der Variabilität der Struktur eines Systems, unterschieden,[56] was auf mögliche Systemziele und angelegte Konflikte hinweist. Die Variabilität der Struktur als Voraussetzung der Flexibilität wird dabei als

---

51 vgl. Gernert 1984, S. 19
52 vgl. Abschnitt 3.1.2.4
53 zur biologischen Terminologie vgl. Abschnitt 4.1
54 vgl. Bateson zitiert bei Mössner 1982, S. 38f.
55 vgl. Deutsch 1970, S. 301
56 vgl. Ropohl 1971, S. 195f.

Austauschbarkeit von Einzweck- und Mehrzweckteilsystemen aufgefaßt, so daß sich das System sowohl a posteriori für einen breit angelegten Funktionsbereich wie a priori für ein breites Spektrum von Aufgaben programmieren läßt.[57]

Dieser Antagonismus zwischen

Arbeitsteilung   und   Dezentralisierung

Spezialisierung   und   Ganzheitlichkeit

Artenarmut   und   Artenvielfalt

wird in der Kybernetik sehr grundsätzlich diskutiert.[58] Hier wird eine Zivilisation gegenüber einer Natur, beides Idealtypen, gesehen und interpretiert.[59] Im weiteren werden wir uns nur für die Flexibiltät bei der Bewirtschaftung technischer Systeme interessieren.

Für Unternehmen im allgemeinen werden von MÖSSNER[60] vier Komponenten der Flexibilität vorgeschlagen, die Berücksichtigung finden sollen. Zunächst wird ausreichende Varietät zur Verfügung stehender Handlungsspielräume genannt,[61] der auf die Veränderbarkeit von Systemparametern abstellt. Diese Komponente greift auf das "Gesetz der erforderlichen Varietät"[62] zurück: Der anzustrebende Systemzustand kann nur dann aufrechterhalten werden, wenn die Varietät des Systems mindestens so groß ist wie die Varietät der Umwelteinwirkung, die in der Sprache der Regelungstechnik als Störgröße bezeichnet wird. Reicht der Handlungsspielraum sowie die Möglichkeit, Systemziele zu verändern, aus, so wird ein System als stabil oder ultrastabil bezeichnet.[63]

Die weiteren drei Flexibilitätskomponenten werden von MÖSSNER[64] unter dem Begriff "Reaktionsfähigkeit" erörtert:

- zweckentsprechende Selektion

- ausreichende Reaktionsschnelligkeit

- informative Umweltkopplung

---

57 vgl. Ropohl 1971, S. 198
58 vgl. z. B. Müller-Reißmann 1979, S. 13ff.
59 vgl. Dyllick 1982, S. 52ff.
60 vgl. Mössner 1983, S. 38ff.
61 vgl. Mössner 1983, S. 39f. und die dort angeführte Literatur
62 Ashby 1961, S. 82ff.; vgl. auch Bühl 1984, S. 85
63 vgl. Casti 1979, S. 45ff.
64 Mössner 1983, S. 42ff.; sowie Meffert 1985, S. 121ff.

Die Anpassung an Änderungen erfolgt im Unternehmen weniger zufällig als zweckentsprechend, und (idealerweise) reaktionsschnell; zusätzlich sind informationelle Kopplungen nötig:

- Umweltentwicklung (Prognose) und Abweichungsanalyse

- Voraussichtliche Auswirkung von Systemhandlungen (Projektion)

- Zustandsinformation

Nachdem der Systemzustand in offenen Systemen einer ständigen Veränderung durch Einflüsse aus der Systemumwelt unterliegt, wirken sich Eingriffe im Zeitablauf aus, was die Flexibilität zum Gegenstand von sequentiellen Entscheidungsprozessen macht und sie so der Planung erschließt.

Für die Bewirtschaftung technischer Systeme sind prinzipiell vier unterschiedliche Strategien möglich:[65]

- Die Verringerung der Varietät der Problemsituation durch Abschirmung des Systems gegenüber Störungen oder durch einen Wechsel der Umwelt, in die das System eingebettet ist (passive bzw regressive Flexibilitätsstrategie).

- Die gezielte Einflußnahme auf problemrelevante Umweltfaktoren (aggressive Flexibilitätsstrategie).

- Die Verringerung der Varietät der Störungsabwehr durch eine möglichst exakte Zuordnung von Gegenmaßnahmen zu Störungen durch das Planungssystem (reaktive Flexibilitätsstrategie).

- Die Erhöhung der Varietät der Aktionsmöglichkeiten durch eine systematische Nutzung oder Erweiterung der Anzahl möglicher Zustände, die das System zur Bewältigung von Störungen annehmen kann (interaktive Flexibilitätsstrategie).

In dieser Arbeit wird der Schwerpunkt auf die Diskussion der interaktiven Strategie gelegt, da sie für die Problemstellung besonders geeignet erscheint. Bei den betrachteten technischen Systemen stellen sich also Fragen der Form: Welche Zustände nutze ich zur Störungsbewältigung? Welche Zustände kann ich durch den Einbau von redundanten Subsystemen für Störungen unempfindlicher machen?

---

65 vgl. Maier 1982, S. 113f.

Mit der Möglichkeit einer Systemmodifikation durch den Einbau von Redundanz müssen jedoch ebenfalls Fragen nach der Effizienz beantwortet werden, die das systematische Durchdenken von Entscheidungssequenzen einschließt. Neben vielleicht vorhandenen analytischen Ansätzen kann auch die Systemsimulation in Betracht kommen.[66]

2.5 Die Eignung von Netzen zur Systembeschreibung

2.5.1 Formale Beschreibung als Hilfsmittel

Ohne daß der späteren Erörterung vorgegriffen werden soll,[67] soll hier schon der Zusammenhang zwischen dem Strukturwandel in offenen Systemen und der Bildung formaler Modelle beleuchtet werden, wobei unter Modell vorläufig ein wie auch immer geartetes Abbild des betrachteten Systems verstanden wird. Für die Systemanalyse[68] ist als erstes ein Modellbegriff erforderlich. Die hier verwendeten Modelle sind zuallererst Beschreibungsmodelle,[69] womit Ausschnitte aus dem universalen System gemeint sind, die in Zukunft diskutiert werden oder über die beschlossen werden soll.[70] Dabei sind Pläne und Entwürfe für noch nicht existierende technische Systeme eingeschlossen. Neben der Abbildung eines realen Systemausschnitts sollen zwei weitere Aspekte der Beschreibung angesprochen werden, das Verkürzungsmerkmal (Homomorphie) und das pragmatische Merkmal. Danach können nicht alle Attribute eines Systems im Modell erfaßt werden, sondern der Betrachter oder Modellarchitekt beschränkt sich auf die wesentlichen Eigenschaften, die ihm bedeutsam erscheinen (Relativität). Schließlich müssen Modelle nach Möglichkeit fortzuentwickeln sein, wenn neue Attribute bedeutsam oder andersartige Fragestellungen mit Hilfe des Modells erörtert werden sollen.

Damit wird die Darstellungform von Modellen sowohl für die Modellerstellung als auch für die Modellnutzung -Inhalt und Interpretation - bedeutsam.[71] Dabei ist an rein verbale und formale Darstellungsformen zu denken, unter letzteren zum Beispiel an Schaltpläne, Entscheidungstabellen, Netzpläne, Gleichungssysteme und an Netze im Sinne der Netztheorie. In jeder Darstellung, die der Forderung

---

66 vgl. Abschnitt 3.3
67 vgl. Abschnitt 3.1
68 vgl. Rieper 1979, S. 44ff.
69 vgl. Bretzke 1980, S. 212ff.
70 vgl. Gernert 1984, S. 21
71 vgl. Gernert 1984, S. 22ff.

nach prinzipiell möglichem Wandel der Systemstruktur Rechnung trägt, sind einige Voraussetzungen für ein formales Modell zu erfüllen, um die inkrementelle Modellbildung zu ermöglichen:[72]

1. Unmittelbarkeit: Das Modell darf in seiner Beschreibung nicht von späteren Auswerteüberlegungen beeinflußt sein.

2. Erhaltung des Kontextes: Alle Informationen, die das Modell betreffen, müssen explizit in das Modell aufgenommen werden. Ein Rückgriff auf externe Daten ohne Dokumentation im Modell ist dadurch ausgeschlossen.

3. Trennung von Zustands- und Zielbeschreibung: Die Trennung ermöglicht es einem Betrachter, zwischen beidem zu unterscheiden und dadurch die Vornahme von notwendig erachteten Änderungen besser zu kanalisieren.

In Erweiterung der dritten Voraussetzung sei abschließend an das CODDsche Paradigma[73] erinnert, das eine Trennung zwischen Leistungs- und Komplexitätsgesichtspunkten postuliert. Die Frage "Was geschieht in welcher Zeit?" ist danach von der Frage "Was ist wie verknüpft?" zu unterscheiden. Die heutige relationale Datenbanktechnologie bei EDV-gestützten Modellen unterscheidet in diesem Sinne deutlich zwischen Sachlogik und Datenspeicherung.

2.5.2 Planungsphilosophien und Netztheorie

Für den Einsatz von netztheoretischen Konzepten sind so zwei Zielsetzungen wichtig, die Neutralität gegenüber Planungstheorien oder -ansätzen und die Adaptionsfähigkeit.

SAATY/KEARNS[74] untersuchen die aktuelle Literatur und identifizieren drei gängige Planungsansätze:

- Formale Ansätze

- Inkrementale Ansätze

- Systemische Ansätze.

---

72 vgl. Gernert 1984, S. 23f.
73 vgl. Codd 1970, S.377ff. und Wedekind 1980, S. 663, zur Organisation vgl. Ganzhorn 1981, S. 249ff.
74 Saaty 1985, S. 98ff.

Sie unterscheiden sich in der Art, wie ein Problem strukturiert wird, wie unterschiedliche Alternativen entwickelt werden und wie die ausgewählte Planalternative in der Realität verwirklicht wird.

Bei der Problemstrukturierung gehen die formalen Ansätze von der Annahme aus, das betrachtete Problem könne genau genug mit quantitativen Mitteln beschrieben werden. Zusätzlich gibt es eine allgemein anerkannte Problemformulierung. Diese zweite Annahme wird bei inkrementalen Ansätzen in Frage gestellt. weshalb sie keine Methode anbieten können, um die Unterschiedlichkeit von Problemen zu charakterisieren. Daher schlagen systematische Ansätze problemstrukturierende Methoden vor, die alle möglichen Problemausprägungen einfangen. Die Netztheorie unterstützt die formalen wie die systematischen Ansätze, ermöglicht aber gleichzeitig eine einfache Anpassung an Veränderungen, auf die die inkrementalen Ansätze abstellen.

Bei der Suche und Beurteilung von Alternativen betonen die formalen Ansätze objektiv meßbare Kriterien wie Nutzen und Kosten, die nach Anwendung auf alle Alternativen eine optimale Lösung liefern. Die inkrementalen Ansätze stellen die kleinen Modifikationen bestehender Pläne in den Vordergrund; durch Verhandlung und Kompromiß kommen diese Ansätze zu "befriedigenden" oder akzeptablen Lösungen, ohne daß die Kriterien explizit genannt werden müssen. Die systemischen Ansätze versuchen, Beschränkungen von Alternativenbereichen zu überkommen, indem quantitative wie qualitative Methoden benutzt werden, um bei der Bewertung zumindest wichtige Kriterien zu erfüllen. Je nach Grad der Detaillierung vermag die netztheoretische Abbildung alle drei Planungsphilosophien zu unterstützen.

Bei der Verwirklichung gehen die formalen Ansätze von einer der Problemlösung innewohnenden Logik aus. Implementierungsschwierigkeiten werden daher nicht gesehen und nicht berücksichtigt. Die inkrementalen Ansätze schlagen eine Abstützung auf in den Plan eingebaute flexible Planelemente vor, um Modifikationen von Bedürfnissen sowie um der Interpretation von planerischen Absichten Rechnung zu tragen. Die systemischen Ansätze stellen demgegenüber mehr auf die subjektive Bewertung von Angemessenheit und Bedeutung des Planes in den Augen der Betroffenen ab. Bei dem letzteren versagt jedes formale Planungsinstrument, allerdings vermag eine netztheoretische Darstellung immerhin noch Hinweise auf Engpässe oder gar Sackgassen im Plan zu geben.

Unabhängig von der Einteilung in diese drei Richtungen kann die einheitliche , durchgängige Darstellung mit Hilfe von mathematischen Netzen nützlich sein, da die Inhalte von Planung nicht deren Beschreibung festlegen. Das Instrument der Beschreibung, hier also die Netztheorie, sollte allerdings auch nicht den Planungsprozeß beeinträchtigen!

Daher sollten netztheoretische Beschreibungsinstrumente neben der diskutierten Neutralität andererseits die vom Planungsinhalt herrührende Dynamik bis hin zur Diskontinuität auffangen können. Dann bilden sie ein Werkzeug, um komplexe Systeme abzubilden und zu analysieren;[75] insbesondere Ursache - Wirkungsbeziehungen, Nebenläufigkeiten und Konflikte können leichter identifiziert und untersucht werden.[76]

Die Transparenz der Zusammenhänge im Netz ermöglicht die gezielte Beeinflussung durch Planung und Programmierung. Schließlich wird so die personenunabhängige Dokumentation von Planungsergebnissen unterstützt.

---

75 vgl. Hack 1972, S. 2f.
76 vgl. Petri 1962, S. 69ff., Peterson 1977, S. 223ff.

3 Planung und Simulation

3.1 Systemplanung und Planung von Systemen

3.1.1 Merkmale der Planung

Zunächst soll Planung definiert werden als "ein willensbildender informationsverarbeitender und prinzipiell systematischer Prozeß mit dem Ziel, zukünftige Entscheidungs- oder Handlungsspielräume problemorientiert einzugrenzen und zu strukturieren."[1] Unter Planung kann ganz allgemein die gegenwärtige Strukturierung der Zukunft eines betrachteten Systems verstanden werden;[2] dies erscheint unter drei Bedingungen sinnvoll:

1. Die Systemgeschichte ist nicht vorherbestimmt.

2. Es gibt keine perfekte Voraussicht, Entscheidungen besitzen immer einen Unsicherheits- und Risikoaspekt.

3. Die Ungewißheit kann durch zweckmäßige Informationssammlung und -auswertung reduziert werden, oder anders: es gibt eine gewisse Ordnung im System.

Planung setzt also eine Information über den aktuellen Zustand des Systems voraus und erarbeitet einen Zielzustand, der mit einer Folge von Schritten erreichbar ist. Ist dies unmöglich, sollten zumindest Handlungsalternativen für die Zukunft erhalten werden, um so neue Information für die Ungewißheitsreduktion vor einer zukünftigen Entscheidung zu verwenden.[3] So kann unter Planung die Steuerung der Transformation von einem Systemzustand in einen anderen verstanden werden. ACKOFF[4] nennt dieses Planungsverständnis interaktiv, da ein wünschenswerter zukünftiger Systemzustand entworfen und ein Weg dorthin angegeben wird. In seinem Verständnis dient die Wissenschaft dazu, die Suche nach Ähnlichkeiten von unterschiedlich erscheinenden Sachverhalten voranzutreiben. In einer aktuellen Situation sei demnach erst die Frage nach den Gemeinsamkeiten mit schon bekannten Situationen zu stellen, ehe dann die

---

1 Szyperski 1974, S. 32
2 vgl. Bergmann 1981, S. 244f.; vgl. auch Wild 1974, S. 13f.
3 vgl. Siller 1985, S. 48ff.
4 vgl. Ackoff 1981, S. 62f.

Einzigartigkeit der Situation mit Hilfe einer Analyse des noch fehlenden Wissens beschrieben werden kann.

Daher unterscheidet er drei Planungsziele, nämlich

- Goals: Ziele, die innerhalb des Planungshorizonts erreicht werden können,

- Objectives: Ziele, die nicht innerhalb des Planunghorizontes erreicht werden können, aber die bei Fortschreibung des Planunghorizontes erreichbar erscheinen, und

- Ideals: Ziele, die zwar als unerreichbar gelten, an denen aber eine Orientierung möglich erscheint.

Für den interaktiven Planungsansatz sieht er sowohl die Mittel als auch die drei unterschiedlichen Zielkategorien als wählbar an.

Planungsebene	Mittel	"Goals"	"Objectives"	"Ideals"	Planungsansätze
Operativ	gesucht	gegeben	gegeben	gegeben	inaktive Planung
Faktisch	gesucht	gesucht	gegeben	gegeben	reaktive Planung
Strategisch	gesucht	gesucht	gesucht	gegeben	proaktive Planung
Normativ	gesucht	gesucht	gesucht	gesucht	interaktive Planung

Abb. 4   Planungstypen

ACKOFF[5] formuliert darauf (vgl. Abb. 4) aufbauend das Ziel, nicht zu genügen (satisfice) wie die Inaktivisten oder die Reaktivisten und nicht zu optimieren wie die Proaktivisten, sondern zu entwickeln, indem Lernen und Adaption in den Mittelpunkt gestellt werden, um dem sich beschleunigenden Wandel, steigender Komplexität und aus der Umwelt stammenden Turbulenzen gerecht zu werden.[6] Das interaktive Planungsverständnis korrespondiert übrigens auch mit der Prozeßbetrachtung von Entscheidungen,[7] wobei sich verschiedene Teilprozesse der Entscheidungsfindung wiederholen können. Hinzu kommt, daß Entschei-

---

5 vgl. Ackoff 1981, S. 64
6 vgl. Zahn 1979, S. 50f.
7 vgl. Wild 1974, S. 14 und S. 46ff.

dungsprobleme nur dann richtig gestellt sind, wenn Alternativen, zwischen denen ausgewählt werden soll, identifiziert und so formuliert werden, daß sie sich gegenseitig ausschließen.[8]

Dazu sind die Konsequenzen aller Alternativen zu ermitteln,[9] wobei wiederum im Zeitablauf sich die Alternativen verändern können. Deshalb ist eine permanente Lagefeststellung anzustreben, um im Vergleich mit der aktuellen Zielsetzung steuernd in den Entscheidungsprozeß eingreifen zu können.

Für die weitere Erörterung ist noch der Hinweis wichtig, daß die Gesamtheit der Zielsetzungen als eine Menge von Elementen interpretiert werden kann, zwischen denen Relationen bestehen.[10] Die durch ein Netz von Beziehungen verbundenen Elemente können selbst als System aufgefaßt werden.[11] Hier wird zusätzlich eine Art von Reflexivität deutlich, nach der Planung nicht nur Entscheidung beinhaltet, sondern auch eine Entscheidungsprämisse für künftige Entscheidungen darstellt.[12]

Die vorgetragene Planungsphilosophie macht klar, daß Planung verschiedene Eigenschaften aufweist:

- Pläne sind Hypothesen über den zukünftigen Systemzustand; sie umfassen Ziele und Maßnahmen

- Planung erfordert ein evolutionäres Umfeld

- Pläne als Ergebnis müssen so operational sein, daß sie getestet werden können

- Pläne unterliegen ebenfalls Beschränkungen durch Ressourcenverfügbarkeit[13]

Die zur Planung zur Verfügung stehende Zeit ist häufig die beschränkende Planungsressource.[14] Diese Aussage trifft für technische Systeme praktisch immer zu.

---

8 vgl. Engels 1962, S. 83
9 vgl. Heinen 1976, S. 21
10 vgl. Beer 1985, S. 24ff.
11 vgl. hierzu das Zielsystem bei Heinen 1976, insb. S. 53ff.
12 vgl. Bergmann 1981, S. 245f.
13 Unter Ressourcen werden sämtliche zur Realisierung geplanter Maßnahmen einsetzbaren Mittel verstanden, wie Sachmittel, Finanzen, Märkte, Personen, Informationen, Immobilien oder Rechtsgüter; vgl. Wild 1974, S. 14
14 vgl. Abschnitt 3.1.2.3.

Als nächstes soll die grundlegende Unterscheidung zwischen dem technischen System (Aggregat) und dem dazugehörigen Planungssystem[15] eingeführt werden (vgl. Abb. 5). Der wesentliche Unterschied besteht in dem Anteil eines Systemverwalters oder Systemmanagers, der eine menschliche und damit auch eine kreative Komponente in das Planungssystem einbringt, wogegen das technische System nur durch materiellen, energetischen und informatorischen Austausch mit seiner Umwelt korrespondiert.Das technische System ist über beschreibbare Schnittstellen eher als ein geschlossenes System anzusprechen, wogegen die Offenheit des Gesamtsystems und damit evolutionäre Einflüsse auf das technische System dem Systemmanager zugeordnet werden können.[16]

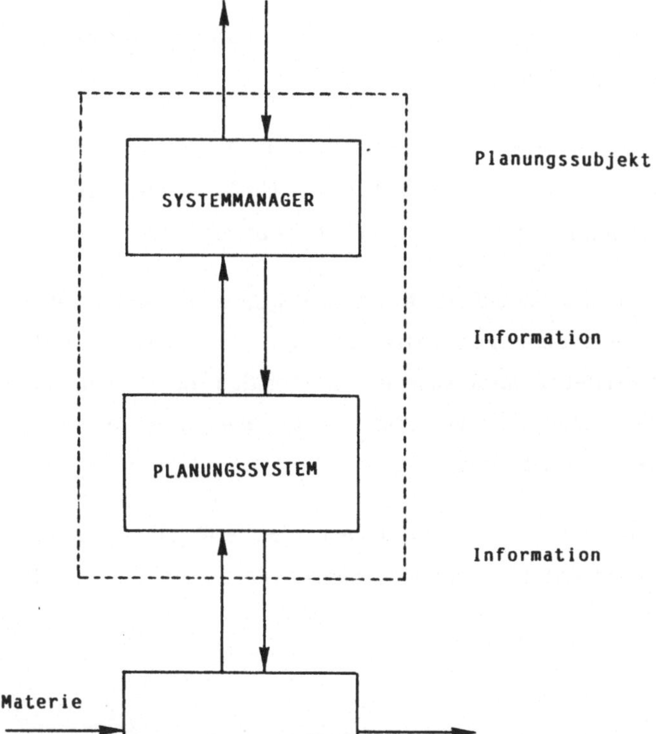

Abb. 5 Aufbau des Planungssystems

---

15 zu den Eigenschaften von Planungssystemen im einzelnen Wild 1974, S. 157ff
16 vgl. hierzu: Lockemann 1978, S. 9f.

Das Aggregat und das dazugehörige Planungssystem sind wiederum Teil eines betrieblichen Systems, welches kurz charakterisiert werden soll:[17]

.1. In einem betrieblichen System laufen mehrere unterschiedliche Leistungsprozesse ab. Einer dieser Prozesse ist die Leistungserstellung mit Hilfe eines zu bewirtschaftenden technischen Systems.

2. Die Gesamtheit der Leistungsprozesse in einem betrieblichen System ist zweck- oder outputorientiert, also produktiv. Im weitesten Sinne haben sie den Zweck, Beiträge für die Umwelt des betrieblichen Systems zu erbringen.

3. Die im betrieblichen System ablaufenden Prozesse sind in der Regel mittel- oder inputorientiert. Das betriebliche System benötigt also Leistungen aus seiner Umwelt.

4. Die Gesamtheit der Leistungsprozesse ist zielorientiert; sie dient dazu, Ansprüche von Menschen zu erfüllen.

5. Die Leistungsprozesse vollziehen sich definitionsgemäß im Zeitablauf, die zielorientierte Bereitstellung von Leistungen für die Umwelt sowie die Inanspruchnahme von Leistungen aus der Umwelt sind zeitbezogen.

In dieser Perspektive wird das betrachtete technische System produktiv verwendet; insoweit korrespondiert diese Perspektive mit der eines Systembetreibers. Aber auch der Systemhersteller muß sich in die Position des Systemnutzers hineinversetzen können, zumal zur Herstellung technischer Systeme ebenfalls Maschinen und Anlagen eingesetzt werden.

Entscheidende Bedeutung für die Planung haben die verfügbaren, aktuellen Informationen.[18] Aufbauend auf Informationen können nun, mitunter nach Pro-

---

17 vgl. Rieper 1979, S. 9f.
18 vgl. Wild 1974, S. 119

gnosen, Pläne entwickelt werden, die, um mögliche Freiheitsgrade der Planung auszunutzen, die folgenden Möglichkeiten bei der Plangestaltung gebrauchen:[19]

1. Senkung des Anspruchsniveaus

2. Bevorzugung elastischer Planelemente

3. Einbau von Anpassungsmöglichkeiten und Reserven

4. Risikoausgleich durch Maßnahmenkombination

Damit wird deutlich, daß Information ein Wirtschaftsgut darstellt, das durch Vorhandensein, Zweckeignung und Verfügbarkeit charakterisiert, aber auch durch die Möglichkeit der Übertragung, die relative Knappheit und die ökonomische Eignung bewertet werden kann.[20] Die Informationsversorgung unterliegt so dem ökonomischen Kalkül und kann zum Zwecke der Planung nach Nutzen- und Kostengesichtspunkten bewertet werden.

In diesem Zusammenhang sei auf eine folgenreiche Beschränkung hingewiesen: die beschränkte Rationalität. Nachdem bei der Planung prinzipiell rationales Verhalten des Systemmanagers unterstellt wird, unterliegt er aber Beschränkungen bezüglich der Verfügbarkeit von Können, Wissen, Zeit und Verarbeitungsfähigkeit. Ein Modell[21] kann dazu dienen, den Rationalitätsgrad der Planung zu erhöhen.[22] Dieser Sachverhalt wird auch in der betrieblichen Praxis erkannt und unter dem Stichwort Informationsmanagement[23] diskutiert.

3.1.2   Der Planungsprozeß für technische Systeme

3.1.2.1   Eigenschaften des Planungsprozesses

Aufbauend auf einem Verständnis von Führung[24] können verschiedene Planungsstufen unterschieden werden. Ohne Beschränkung der Allgemeinheit wird hier nur auf die langfristige Planung[25] eingegangen, weil, wie später im Kapitel 4

---

19 vgl. Wild 1974, S. 141ff.
20 vgl. Schulz 1972, S. 17ff; eine mögliche Grenze von Planung (und Prognose) markiert Cerwenka 1986, S. 267f.
21 ausführliche Diskussion in Abschnitt 3.1.3.4.
22 vgl. Raffée 1974, S. 100
23 vgl. Eschenröder 1985, S. 28f.; Höhn 1985, S. 517ff.
24 vgl. Bircher 1976, S. 45f.
25 vgl. Bircher 1976, S. 58ff. und die dort angegebene Literatur

noch gezeigt wird, die Lebensdauer der zu untersuchenden technischen Systeme meistens die Dauer von zehn Jahren deutlich übersteigt.

Halten wir zunächst fest, daß die Varietät des Problems das Ausmaß von Planung, gegliedert in miteinander verbundenen Planungssubsystemen, festlegt. In Abhängigkeit von noch nicht näher erörterten kybernetischen Überlegungen ist dabei auf eine relative Autonomie der Teilplanungen und auf eine hierarchische Struktur der Planung zu achten. Kalenderzeitliche Abgrenzungen sind dabei nicht originär, sondern nur ein Anhalt für den Einzelfall.

Auf dem Hintergrund der bisherigen Überlegungen sind folgende Charakteristiken für den Planungsprozeß deutlich geworden:[26]

1. Planung ist ein offener Prozeß, der durch Rückkopplung mit der Umwelt beeinflußt wird.

2. Planung ist in sich ein komplexer Prozeß, bei dem unter Berücksichtigung mehrerer Dimensionen eine Vielfalt von Beziehungen zwischen den Elementen im Zeitablauf analysiert und gestaltet wird.

3. Planung, vor allem wenn sie längerfristig angelegt ist, trägt zur Lösung schlecht-strukturierter Probleme bei, indem anfangs nur schlecht erkennbare Handlungsalternativen durchdacht werden.[27] Dabei werden eine unbekannte Anzahl, Gestalt und Verhalten von Systemvariablen erkannt (counter-intuitive behaviour), unklare Interdependenzen isoliert und eine Quantifizierung von beeinflußbaren Größen angestrebt.

4. Planung ist mit Risiko und Unsicherheit verbunden, die durch die zunächst unbekannte Umweltentwicklung und die fragliche Effizienz verfolgter Strategien gekennzeichnet werden kann.

5. Planung ist ein auf Lenkung angelegter Prozeß, der das Ziel der Verminderung von Risiko und Unsicherheit verfolgt (Absorption).

6. Planung ist ein arbeitsteiliger,in der Regel von mehreren Menschen getragener Prozeß, bei dem Menschen bei der Vorbereitung, der Entscheidung, bei der Durchführung und durch die Auswirkungen aktiv oder passiv beteiligt und später betroffen sind.

---

26 vgl. Bircher 1976, S. 277ff.
27 vgl. Simon 1980, S. 337; Kühn 1985, S. 531ff.; Rieper 1985, S. 77, systematisiert die Strukturmängel in Wirkungs-, Bewertungs-, Zielsetzungs- und Lösungsdefekte

3.1.2.2 Funktionen eines Modells im Planungsprozeß

Für Planungszwecke steht im Allgemeinen das reale System anfangs noch nicht für Untersuchungen zur Verfügung oder Untersuchungen zu einem späteren, fortgeschrittenen Zeitpunkt sind aus Gründen des Aufwands kaum zu realisieren. Daher versucht man, das Entscheidungsproblem zunächst abzubilden, um eine an dem immateriellen Abbild, dem Modell, mögliche Lösung oder die Lösung zu ermitteln.[28] Der beim Abbildungsprozeß verwirklichte Homomorphiegrad, also die strukturelle Übereinstimmung von Realproblem und Formalproblem,[29] gilt dabei als Gütekriterium für die Abbildung.[30] Eine vielleicht vorstellbare isomorphe Abbildung übersteigt praktisch immer die Abwägung von Nutzen und Kosten, vor allem wenn das Problem groß und unübersichtlich ist.

Prinzipiell kann die Funktion eines Modells anhand der folgenden Abbildung 6 erläutert werden:[31]

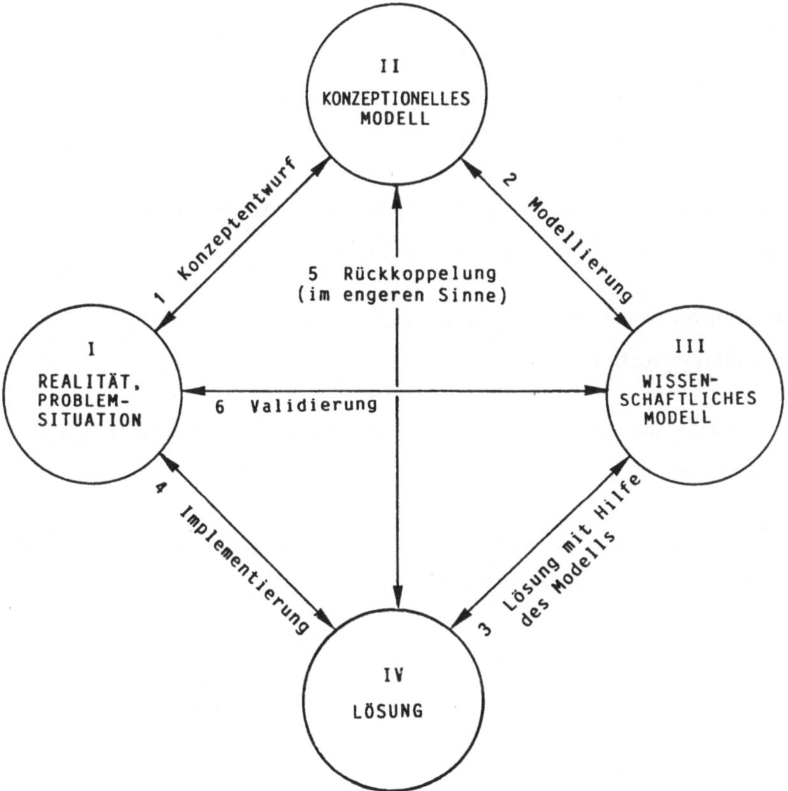

Abb. 6   Problemlösungsmodell

---

28 vgl. Grochla 1969, S. 382ff., Klaus 1979, S. 483ff.
29 vgl. Bea 1981, S. 347
30 vgl. Schneeweiß 1984, S. 481ff.
31 Mitroff 1974, S. 48, vgl. auch zur zugrundeliegenden vierstelligen Relation: Moliere 1984, S. 210ff.

Aufgrund der Probleme bei der Datenerfassung und der Anforderungen, die sich aus der notwendigen Umplanung im Einzelfall ergeben, scheiden in fast allen Fällen simultane Lösungen des Entscheidungsproblems aus. Der Entscheidungsprozeß durchläuft daher verschiedene Phasen, die sich nach einer Datenänderung oder bei Auftreten einer Umplanung wiederholen, um der aktuellen Lage gerecht zu werden. Diese Auflösung in einem sukzessiven Entscheidungsprozeß erlaubt die Anpassung an neu gesetzte Daten (z.B. aus der Umwelt) und an neue Anforderungen der Unternehmensplanung. Die Koordination der neuen Lösung mit der alten (verbindlichen) erfolgt extrapersonal durch eine geeignete Dokumentation der Entscheidung.

Ausgehend von einem vorgeschlagenen Grundmodell[32] besteht eine solche Dokumentation aus den fünf folgenden Elementen:

1. Der Entscheidungsträger verfügt über eine Zielvorstellung, die seine Präferenzen repräsentiert.

2. Es existieren verschiedene, sich zum Entscheidungszeitpunkt gegenseitig ausschließende Alternativen, die die Umwelt beeinflussen (Export von Wirkungen).

3. Der Zusammenhang zwischen Umweltveränderung und Verhaltensänderung ist kausal zu beschreiben (Import von Wirkungen/Beeinflussung).

4. Die Konsequenzen der Entscheidung können mit Hilfe der Zielvorstellung in eine Ordnungsrelation sortiert werden.

5. Die Konsequenzen der verschiedenen Alternativen sind intersubjektiv, insbesondere vom Entscheidungsträger zu überprüfen.

Bei dieser Darstellung handelt es sich um ein geschlossenes, formales Modell der Entscheidung mit unbestimmter Zielvorstellung.

---

32 vgl. Kahle 1981, S. 23f.

Bei einer mathematischen Formulierung des Modells kommen prinzipiell vier unterschiedliche Relationen zwischen Elementen in Betracht:[33]

1. Definitionsgleichungen

2. Institutionelle Gleichungen

3. Technologische Relationen

4. Verhaltensrelationen

Dabei besitzen die ersten beiden Klassen keinen Erklärungscharakter, sie dienen bei (Simulations-) modellen zum Beispiel dazu, Bestandsgleichungen fortzuschreiben oder Transformationen zur Informationsgewinnung durchzuführen (Aggregation oder Disaggregation). Demgegenüber modellieren die beiden anderen Klassen Systemstruktur und Systemverhalten.Dabei ist wiederum zwischen data-based- und concept-based-Ansätzen zu unterscheiden. Jene arbeiten mit der Vorstellung einer black box-Vorstellung, wo lediglich der Input und der Output eines Systemelements im Modell nachgebildet bzw. zueinander ins Verhältnis gesetzt werden, während diese die Wirkung der zusammenhängenden Variablen offenzulegen versuchen.

Eine Mischung aus beiden Modelltypen wurde schon häufig vorgeschlagen,[34] wobei die extremen Ausprägungen wie folgt systematisiert werden (vgl. Abb. 7).

MODELLTYP 1	MODELLTYP 2
deduktiv	induktiv
analytisch	experimentell
Naturgesetze	Ökonometrie
Kausalität	Empirie
(engineering calculations) Analytische Berechnung	(statistical examination) Statistische Untersuchung

Abb. 7   Modelltypen

---

33 in Anlehnung an Bea 1981, S. 351ff.
34 vgl. Chenery 1949, S. 507ff.; Haupt 1987, S. 23ff.

Ein gradueller Übergang zwischen den extremen Typen ist ebenfalls vorstellbar und wird in der Abbildung 8 veranschaulicht[35]:

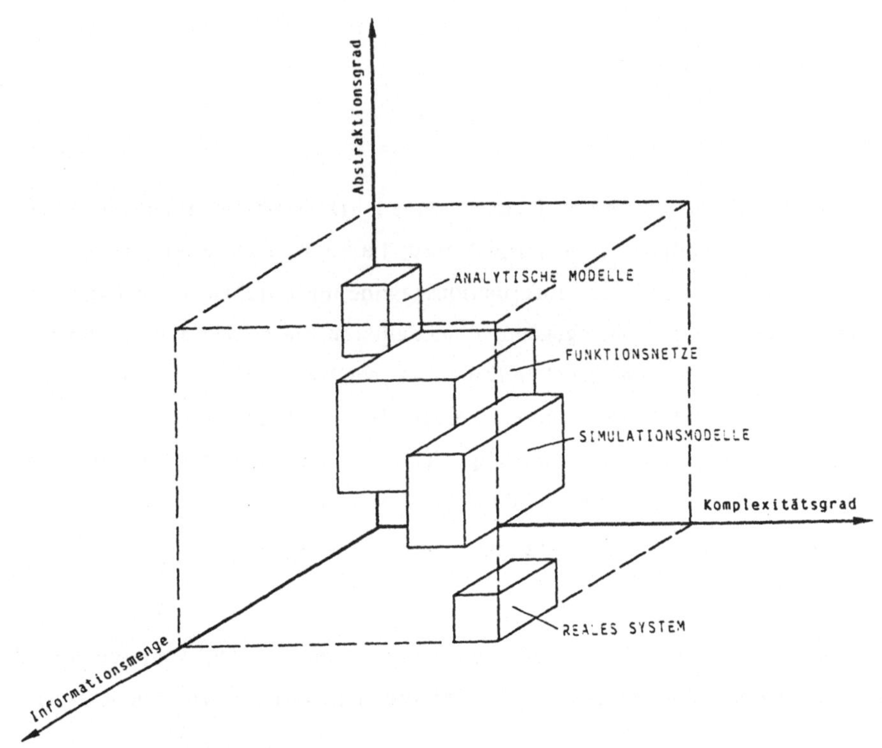

Abb. 8   Modellraum

Dabei kommen kybernetische Überlegungen zum Einsatz, aber wie auch bei der Kostenschätzung begnügt man sich häufig am Anfang eines Systemlebenswegs mit der black box-Beschreibung. Die zunehmende Einbeziehung neuer, aktueller Informationen führt dann zu einem offenen Entscheidungsmodell.[36]

---

35 vgl. Thumm 1983, S. 35
36 vgl. Szyperski 1974, S. 34ff.

3.1.2.3 Anforderungen an den Planungsprozeß

Für den Planungsprozeß werden im folgenden einzelne Anforderungen aufgestellt,[37] die später bei der Beurteilung des vorgeschlagenen Planungsverfahrens als
Maßstab dienen.

Die Planung eines technischen Systems ist als heuristischer Prozeß zu gestalten,
bei dem das Problem in Teilprobleme aufgespaltet werden kann, was die Lösung
des gesamten Problems in hierarchisch gegliederten Schritten, unter Umständen
iterativ, ermöglicht.

Die Planung ist als multistabiler Prozeß zu gestalten, um eine relative Unabhän-
gigkeit der Teilprobleme und deren autonome Lösung zu ermöglichen (Einbau
von Flexibilität).

Im Prozeß der Planung muß Unsicherheit absorbiert werden. Dies schließt die
Vorbereitung mehrerer Alternativen ein, um die Steuerung in Abhängigkeit von
aktuellen Informationen situationsgerecht zu ermöglichen.

Im Planungprozeß müssen sowohl varietätserzeugende wie varietätsreduzierende
Methoden zur Anwendung kommen, wobei die ersteren durch Innovation und
Kreativitätsförderung der Alternativensuche, letztere der Lenkung, der Alternati-
venbewertung, sowie der Absorption von Ungewißheit dienen.[38]

Im Planungsprozeß muß die sukzessive Einbeziehung von neuen Erkenntnissen im
Sinne von Lernen möglich sein. ACKOFF[39] charakterisiert die Veränderungen
vor dem Hintergrund des Systemdenkens mit folgenden Gegenüberstellungen (vgl.
Abb. 9):

---

37 in Anlehnung an Bircher 1976, S. 279
38 vgl. auch die Diskussion bei Sommer 1986, S. 57ff.
39 vgl. Ackoff 1981, S. 8ff.

```
ZEITALTER DER              ZEITALTER DER
MASCHINEN                  SYSTEME

Analyse                    Synthese

Reduktion                  Expansion

Determiniertheit           Interaktivismus
(Bestimmtheit)             (Wechselbezug)

Nichteinbeziehung          Einbeziehung
der (System)umwelt         der (System)umwelt

Mechanismus                Teleologie


Dekomposition              Identifikation

Aggregation                Disaggregation

Struktur                   Funktion

Wissen                     Verstehen

Beschreibung               Erklärung
```

Abb. 9   Extreme der Planung

Der Planungsprozeß muß intersubjektiv nachvollziehbar und dokumentierbar sein, mit seinem zeitlichen Aufwand genügend Steuerungsmöglichkeiten (Freiheitsgrade) erschließen und wirtschaftlich sein.

Planung versucht, wie ausgeführt, die geistige Vorwegnahme von zukünftigen Ereignissen (Antizipation). Sie ermöglicht einen rational begründeten Umgang mit der Zukunft aufgrund von Prognosen. Als Planungsrisiko ist bei dieser Art von Planung die Gefährdung der Planung durch Entwicklungen einzuschätzen, die nicht Eingang in die Prognose gefunden haben. - Reaktion auf schon in der Vergangenheit eingetretene Ereignisse ist der zweite denkbare Weg, wobei contingency plans die möglichen Entwicklungen vorwegnehmen sollen, um Reaktionszeit zu gewinnen. Das Risiko bei dieser Art von Planung besteht sicher auch in unvollständigen contingency plans, aber auch in der Schnelligkeit des Wandels, weil hier eine Reaktionsmöglichkeit, schon aufgrund der zeitlichen Aspekte, vorhanden sein muß.[40]

---

40 vgl. Bechmann 1981, S. 113f.; Moliere 1984, S. 188f.

Dabei gilt es, den Zeithorizont, der durch die Zielsetzung, die Bedeutung einer Entscheidung und die Unsicherheit der Lage begrenzt wird,[41] weiter zu differenzieren (vgl. Abb. 10):[42]

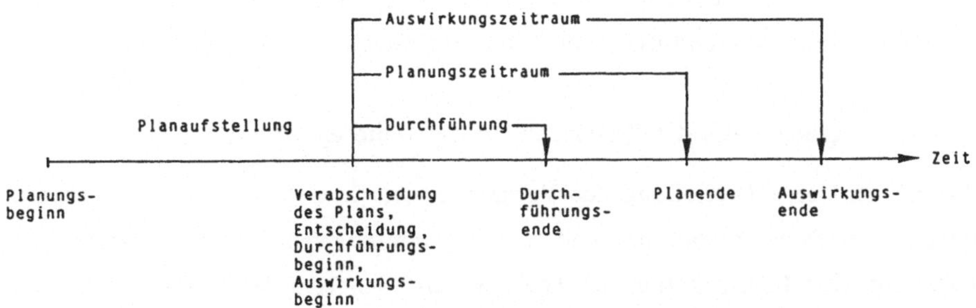

Abb. 10   Planungshorizonte

Bei unterschiedlichen Planungs- und Ergebnishorizonten kann sich im Zeitablauf die Vorteilhaftigkeit von einzelnen Maßnahmen drastisch verändern.[43]

3.1.2.4   Gesamtkonzept des Planungsprozesses

Um den soeben diskutierten Anforderungen konzeptionell gerecht zu werden, werden drei unterschiedliche Typen von Prozeßgliederungen erörtert, der Regelkreis des Problemlösens, die Systemanalyse (im weiteren Sinne) und die Objektphasen:[44]

- Der Regelkreis des Problemlösens

Diese Prozeßgliederung geht von der Idee des Problemlösens aus und unterscheidet sechs Phasen:

Phase 1: Problem erfassen (wahrnehmen und analysieren)

Phase 2: Problem bearbeiten (Alternativen bestimmen und bewerten)

Phase 3: Entschluß fassen

---

41 vgl. Gälweiler 1983, S. 195ff.; Hilke 1980, S. 104f.
42 vgl. Neubürger 1980, S. 27 und die dort angeführte Literatur
43 vgl. Teichmann 1975, S. 295ff.
44 vgl. Bircher 1976, S. 32f, S. 281ff. und die dort angeführte Literatur

Phase 4: Lösung dokumentieren

Phase 5: Lösung verwirklichen

Phase 6: Verwirklichung kontrollieren

Dabei lassen sich die ersten drei Phasen unter der Überschrift Entscheiden zusammenfassen, während die letzte Phase die Rückkopplung ausdrückt.

- Die Vorgehensweise der Systemanalyse (im weiteren Sinne)

Hierbei wird eine Dreiteilung der Vorgehensweise in Systemanalyse (im engeren Sinne), die Systemgestaltung und die Systemimplementierung vorgeschlagen, wobei auf eine Identifikation des Problems eine Analyse der relevanten Systemelemente und deren Beziehungen sowie der bestehenden Schwachstellen folgt. Die Gestaltungsphase liefert mögliche und nach einer Auswahl die geeigneten Lösungen, die auf eine geeignete Art dokumentiert werden sollten. Schließlich folgt die Einführung und Durchsetzung der Lösung.

- Die Objektphasen

Bei dieser Prozeßgliederung werden Schritt für Schritt einzelne Systemeigenschaften spezifiziert:

Objektphase 1: Analyse und Gestaltung der Systemumwelt sowie der Beziehungen, die die Systemgrenze überschreiten, d. h. auf das System oder die Systemumwelt wirken

Objektphase 2: Festlegung der Ziele, Zwecke und der Bedingungen des Systems

Objektphase 3: Gestaltung der Systemkomponenten

Objektphase 4: Gestaltung der Systembeziehungen

Objektphase 5: Gestaltung des Systemverhaltens

Für unsere Argumentation wird nun eine lineare Kombination dieser drei Prozeßgliederungen mit den entsprechenden Rückkopplungen vorgeschlagen, welche in der folgenden Abbildung 11 dargestellt wird:[45]

---

45 vgl. Bircher 1973, S. 283

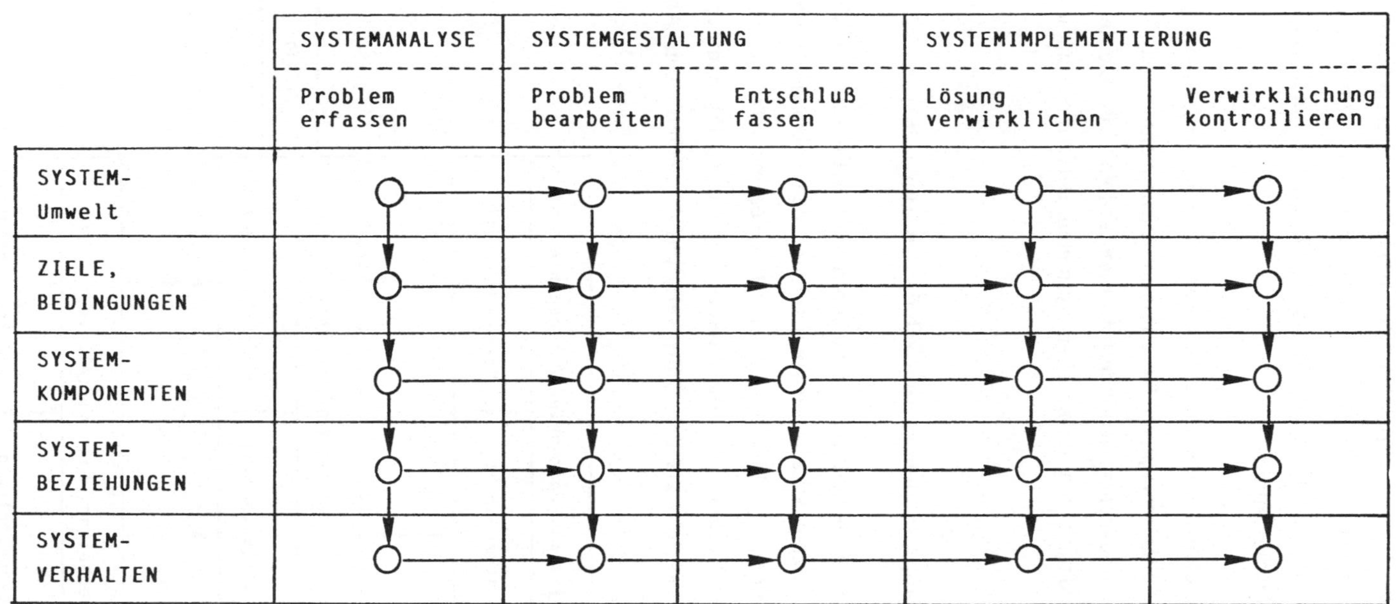

Abb. 11   Systematische Planung

An der gezeigten Pfeilrichtung ist der Planungsfortschritt zu erkennen. Selbstverständlich wird dieser im Regelfall nicht ohne Wiederholung von Planungsteilschritten zu erreichen sein, entsprechend müssen Zwischenergebnisse an den Knotenpunkten überprüft werden und bei Bedarf die Wiederholung von Planungsteilschritten eingeleitet werden. Schon rein bildlich erinnert diese Vorgehensweise an eine Netzdarstellung.

Von da erscheint es plausibel, daß die Chancen einer in Arbeitsteilung vorgenommenen Planung über geeignete Koordinationsinstrumente und -verfahren genutzt, deren Risiken dagegen gemindert werden sollten. Für die lebenswegorientierte Bewirtschaftung von technischen Systemen trifft dies auf jeden Fall zu.

3.1.2.5 Systemplanung zur Planung von technischen Systemen

Eine systematisierte Planung soll durch den koordinierten Einsatz von Methoden, Werkzeugen und beteiligten Mitarbeitern kostspielige Fehler bei der Entwicklung neuer Systeme vermeiden; die Idee des Systems Engineering setzt auf Prävention statt Umplanung oder Reparatur.[46] Das Systems Engineering (Systemtechnik) erhebt den Anspruch fast universeller Gültigkeit, das Vorgehen zeigt Abbildung 12:[47]

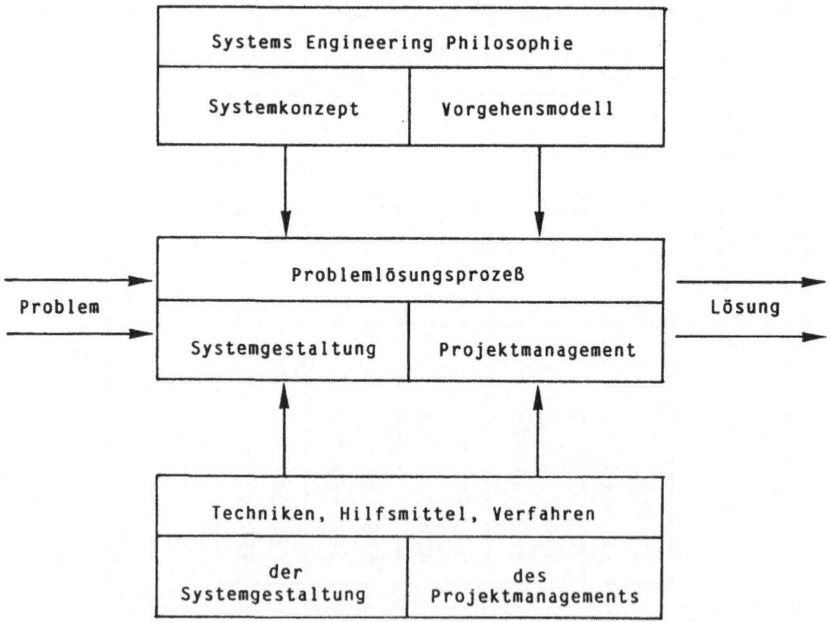

Abb. 12   Systemtechnik (Systems Engineering)

---

46 vgl. Hall 1962, S. 10ff.; Zangemeister 1976, S. 14ff.; Patzak 1982, S. 16ff.
47 vgl. Daenzer 1982, S. 27

Daher ist bei der Anwendung der Systemplanung zur Planung technischer Systeme Vorsicht geboten, weil die Übertragbarkeit geklärt und die Terminologie angepaßt werden muß. Aber selbst wenn der Transfer im Grundsatz möglich ist, bleibt der Verweis auf Verfahren der Systemgestaltung oder Techniken des Projektmanagements vage. Für den operativen Einsatz von Planungsinstrumenten müssen gerade die Leistungsfähigkeit sowie die ihnen zugrundeliegenden Methoden explizit angesprochen werden. In dieser Studie wird begründet, warum ein netzartiges Konzept für die lebenswegorientierte Planung technischer Systeme sinnvoll, machbar und wirtschaftlich ist. Das schließt den Einsatz der elektronischen Datenverarbeitung ein.

3.2 Die Bedeutung des Informationsmodells in der Unternehmensplanung

Gingen die bisherigen Überlegungen in der Unternehmensplanung von einer Art 'Population' von identischen oder zumindest sehr ähnlichen technischen Systemen aus, so entpuppt sich diese Denkweise in zunehmendem Maße als Fiktion:

Schon bei Kraftfahrzeugen kann das durch Hinweis auf die ca. 10^{30} Varianten des meistverkauften Typs VW-Golf verdeutlicht werden.[48] Sicher sind viele der angebotenen Varianten im technischen Sinne ähnlich, man denke nur an die verschiedenen Farben für Außenhaut und Innenraum oder an Anbauteile, aber die Dimension des Problems verringert sich dadurch nur unwesentlich. Angenommen, sie verringerten sich auf ca. 10^{20} Varianten, unterstellt man ferner für jedes der 8 Millionen verkauften Fahrzeuge vom Typ GolfI nur einen Fahrer, so heißt dies, daß die verbleibende Variantenanzahl 10^{20} mit dem Faktor 8×10^6 zu multiplizieren ist, um die Anzahl möglicher Kombinationen (8×10^{26}) zwischen Fahrer und Fahrzeug zu ermitteln. In Anbetracht der verschiedenen Einsatzzwecke und Fahrzustände während der Lebensdauer eines einzelnen Golfs sowie der unterschiedlichen Dispositionen des Fahrers bei unterschiedlichem Wetter (z.B. Föhn), so ist die Hypothese von einem Tupel (Variantenversion, Fahrer, Fahrzustand) mit einheitlichen Eigenschaften nur schwer zu begründen.

Die Weiterentwicklung der bisher verwendeten Statistik, die Ausgleichseffekte innerhalb einer fast gleichen Population unterstellt, ist für den einzelnen Betreiber unsinnig und nichtssagend, mag sie auch für den Hersteller des technischen Systems und dessen Planung vernünftig sein. Auch in diesem Fall kann ein einheitliches Wartungskonzept mit Empfehlungen für Inspektionen, Wartungsarbeiten

---

48 Angaben aus einem Gespräch mit H. Kottmann, VW AG, anläßlich des 2. Logistikkongresses in Berlin 1985

und geplante Instandhaltung für das oben definierte Tupel der Vielfältigkeit der tatsächlich zu beobachtenden Situationen nicht gerecht werden. Durch den erfahrenen Werkstattmeister, um das Beispiel weiterzuführen, wird 'natürlich' über seinen Sachverstand gestützt auf langjährige Routine und die Firmenunterlagen die Anzahl der zu behandelnden Möglichkeiten reduziert, indem ähnliche Fälle in Klassen eingeteilt werden und so die Population aufgegliedert wird.

Die Unternehmensplanung sieht sich ganz allgemein vor unvollständigen Entscheidungsfeldern, die durch mangelhafte Voraussicht, mangelnde Übersicht und personelle Aufgliederung der Leitung gekennzeichnet sind. Die mangelnde Integration von "Zeit - Abschnittsentscheidungen"[49] verstärkt die Verwerfungen zwischen Informationsverarbeitung, Entscheidung und Realisierung (vgl. Abb. 13):[50]

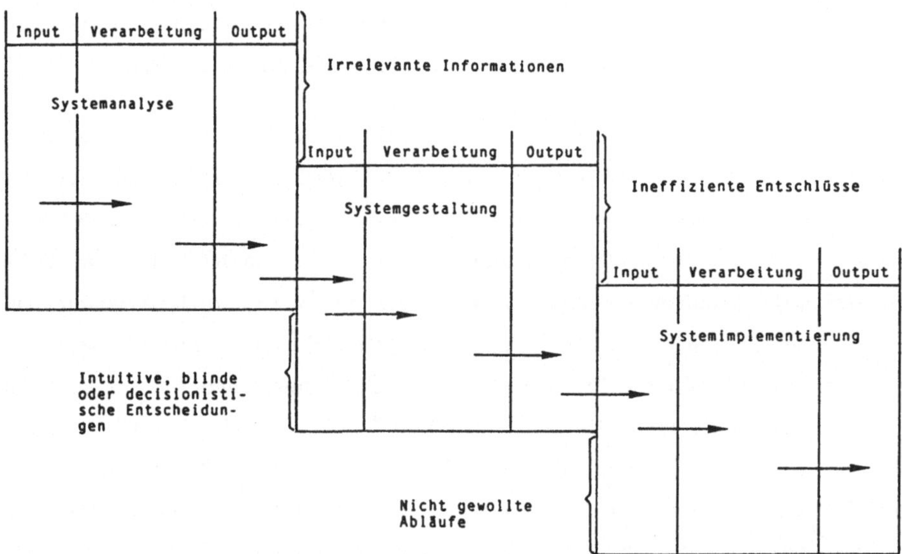

Abb. 13   Verwerfungen bei Entscheidungsprozessen

Dennoch wird zumindest bei teureren Aggregaten eine Detaillierung des Vorgehens auch unter Nutzen- und Kostengesichtspunkten notwendig. Die Vorteilhaftigkeit der Detaillierung muß durch die von der Technik, insbesondere von der Informatik, im weitesten Sinne möglich werdenden neuen Dispositionsver-

---

49 Koch 1970, S. 358
50 vgl. Platz 1980, S. 26

fahren einerseits und dem steigenden Wert der zu betrachtenden technischen Systeme - deren Anschaffungs- und Betriebskosten, inklusive der quantifizierbaren Ausfallkosten - andererseits neu untersucht werden. Tendenziell wird der Einsatz der elektronischen Datenverarbeitung bei der Bewirtschaftung technischer Systeme günstiger; gefragt sind also Daten und sie verarbeitende Informationsmodelle, die im folgenden näher erörtert werden sollen. Dabei bezieht sich die Analyse auf die Forderung, die Wirtschafts- und Sozialwissenschaften sollten eine Theorie des Individuums entwickeln. Das erfordert eine Individualisierung der Planung, Steuerung und Kontrolle für jedes einzelne Aggregat unter den Bedingungen der Wirtschaftlichkeit, der Sicherheit und der Ökologie.

Vor diesem Hintergrund fordern SPRAGUE/CARLSON nach den zentralen Elektronischen Datenverarbeitungssystemen der sechziger Jahre und den Managementinformationssystemen der siebziger Jahre für die achtziger Jahre Entscheidungsunterstützungssysteme (decision support systems) zur Planungsunterstützung.[51] Ein solches Entscheidungsunterstützungssystem besteht konzeptionell aus einer Datenbasis, einem Modell und aus einer Benutzerschnittstelle.[52]

Dementsprechend können nur in seltenen Fällen technische Systeme vollständig mathematisch vorausbestimmt werden. "Tatsache ist jedoch, daß sich viele technisch bedeutsame Optimierungsaufgaben nicht mathematisch erfassen lassen. Wir müssen uns deshalb überlegen, wie sich mit einem Minimum an Zeit und Material die vielen erforderlichen Objektvarianten erzeugen lassen."[53]

3.3 Simulation von Systemen

3.3.1 Inhalt und Sinn der Systemsimulation

Viele Verhaltensweisen von realen Systemen können nur durch 'Ausprobieren' oder Experimentieren ermittelt werden. Erfolgt dieses Experimentieren nicht am System selbst, sondern an einer Nachbildung, so spricht man von Simulation.Mit numerischen Verfahren können vor allem Experimente im Zeitablauf durchgeführt werden, für die kein geschlossener Lösungsalgorithmus für eine analytische Lösung bekannt oder der Einsatz eines Algorithmus zu aufwendig ist.[54] Simula-

---

51 vgl. Sprague 1982, S. 7f.
52 vgl. Sprague 1982, S. 257
53 Rechenberg 1973, S. 23
54 vgl. Naylor 1972, S. 2

tionsexperimente sind auch vor dem Einsatz von Systemen in der Wirklichkeit nützlich,[55] was überdies im Einzelfall neue Forschungsansätze ermöglicht.[56]

Das Modell bildet dabei jene Eigenschaften des realen Systems nach, von denen der Experimentierende meint, daß sie eine Antwort auf eine gestellte Frage bestimmen. Neben dem hier nicht betrachteten physischen Modell (Windkanalsimulation) kommen dabei informationstechnische Modelle in Frage.[57]

Im Sinne der Systemtheorie weisen in der Realität zu betrachtende Systeme Merkmale auf, die bei der Simulation zu berücksichtigen sind:[58]

- Sie weisen eine deutliche Strukturierung in Komponenten auf, die über Kommunikationswege Daten austauschen.[59]

- Die Komponenten arbeiten vielfach parallel sowie zum Teil autonom; sie bestimmen also durch ihre Aktivitäten die Abläufe im System und sind nicht einfach passive Stationen in einem vorgezeichneten Ablauf.[60]

- Die Komponenten können aus Hard- und/oder Software bestehen.

- Informationen zwischen Komponenten werden meistens nicht durch einen steten Informationsstrom ausgetauscht. Sie schicken vielmehr ein 'Informationspaket' ab, nachdem sie eine Zeitlang für sich gearbeitet haben. Daher beeinflussen die Komponenten einander nicht ständig, sondern nur zu bestimmten, meist nicht periodischen Zeitpunkten.

---

55 vgl. Grochla 1974, S. 18ff.; Schaefer 1985, S. 208ff.
56 vgl. Mrva 1986, S. 68ff.; Milling 1987, S. 12
57 vgl. Zeigler 1984, S. 12ff.
58 vgl. hierzu die Serie Law, Carson, Hayder, Grant, Kelton 1986
59 vgl. Zeigler 1984, S. 318ff.
60 vgl. Trier 1977, S. 10ff.

3.3.2   Simulationsverfahren

Um das Anwendungsspektrum eines Simulationswerkzeugs zu gliedern, das geeignet ist, für ein spezifiziertes Problem Lösungsmöglichkeiten zu erschließen, werden in der Literatur die folgenden Begriffspaare verwendet:

- kontinuierlich/diskret:

Diese Unterscheidung nimmt Bezug auf die verwendete Modellzeit. Kontinuierliche Modelle werden in Form von Differentialgleichungen beschrieben, diskrete Modelle demgegenüber unter Rückgriff auf Netzkonzepte formuliert.[61]

- special purpose/general purpose:

Die ersteren sind für spezielle Anwendungsfälle konzipiert (z. B. Kapazitäts- oder Tourenplanung). General purpose-Simulationssysteme sind vom Anspruch her universell verwendbar, zumindest aber für ein sehr breites Feld von Anwendungsfällen geeignet.[62]

- funktional/statisch:

Bei der funktionalen Simulation (auch Logik-Simulation genannt) wird überprüft, ob die Funktionen von Systemkomponenten korrekt durchgeführt werden (Validierung). Bei der statischen oder Leistungssimulation werden Durchsatzraten, Auslastungsgrade, Ersatzzeitpunkte usw. untersucht und statistisch ausgewertet.[63]

- Prozeßorientierung/Ereignisorientierung:

Prozeßorientierte Simulationstechniken erfordern, das dynamische Verhalten von Systemen in Form von programmgesteuerten Aktionssequenzen zu beschreiben. Dies ist graduell auch bei ereignisorientierten Techniken der Fall. Jedoch wird das lokale Verhalten von Systemkomponenten stärker betont, wobei die eher statischen Aspekte durch autonome Komponenten beschrieben werden können. Der Eintritt gewisser Ereignisse während des Simulationslaufes löst lokale Aktionen von Komponenten aus, die sich dann im Modell fortpflanzen (können).[64]

---

61 vgl. Fishman 1978, S. 2ff.
62 vgl. Henize 1984, S. 562ff.
63 vgl. Sargent 1984, S. 537ff.
64 vgl. Mertens 1982, S. 17ff.; ähnlich Witte 1973, S. 11

3.3.3 Vorstellung des Simulationswerkzeugs BORIS

3.3.3.1 Einordnung und Merkmale von BORIS

Für die Handhabung von Problemstellungen, die mit Hilfe mathematischer Netze abgebildet werden sollen, ist nun ein geeignetes Simulationspaket zu suchen, welches bestimmte Anforderungen erfüllt und zumindest auf einem verbreiteten Großrechnertyp ablauffähig ist. Ausgangspunkt bei der Auswahl muß daher die Suche nach einem vielseitig verwendbaren Simulationspaket (general purpose) sein, bei dem Prozeduren, die nicht von dem Paket angeboten werden, in einer weitverbreiteten, modernen und für den Nutzer möglichts komfortablen Programmiersprache geschrieben werden können, um eine möglicherweise vorhandene Akzeptanzschwelle niedrig zu halten. Da neben dem Test der Programmlogik im Dauereinsatz viele Simulationsläufe und Auswertungen beabsichtigt sind, also Leistungssimulationen durchgeführt werden sollen, ist das Zeitverhalten des Simulationspakets weiteres wichtiges Kriterium: Eine diskrete Modellzeit sorgt für die rasche Weiterschaltung während etwaiger Totzeiten im einzelnen Simulationslauf. Dies führt zu kurzen Ausführungszeiten bei Simulationsläufen und begünstigt im Dialogbetrieb kurze Antwortzeiten für den Systemverwalter am Terminal. Damit kann auch eine ereignisorientierte Steuerung des Simulationsprogramms verwirklicht werden.

Bei dem von der Firma SIEMENS A. G., München,[65] entwickelten Simulationswerkzeug BORIS - der Name steht für Block-orientiertes interaktives Simulationssystem - handelt es sich um ein ereignisorientiertes general purpose-Simulationspaket, welches mit diskreter Modellzeit arbeitet und für Logik- wie für Leistungssimulation geeignet ist.[66] In BORIS geschriebene Programme benötigen das Betriebssystem BS 2000 sowie einen PASCAL-Compiler Version 3.1B.

Die Modellsicht von BORIS orientiert sich an der Struktur des zu modellierenden Systems: Ein reales System wird entsprechend seiner Struktur[67] in Blöcke zerlegt und als Verbund von Systemkomponenten dargestellt. Die Systemkomponenten sind die aktiven Teile des Systems, sie erfüllen bestimmte Funktionen, indem Daten empfangen, zumindest teilweise durch Verarbeitung geändert und

---

65 vgl. BORIS 2.0 Benutzerhandbuch 1987; Wnuk 1986
66 ähnliche Simulationswerkzeuge vgl. Alanche 1985; Feldbrugge 1987, S. 21ff.
67 Eine etwa schon vorhandene Netzstruktur kann ohne großen Aufwand in ein BORIS-Simulationsprogramm überführt werden.

anschließend weitergesendet werden. Die Verbindungen zwischen Systemkomponenten dienen zum Austausch von Informationen, sie fließen unverändert von einer sendenden zur empfangenden Komponente.

In BORIS werden die realen Systemkomponenten als Modellkomponenten nachgebildet, die deren Funktionen im Modell ausführen, und die auszutauschenden Informationen werden als Datentypen modelliert. Das Modell wird so aus Modellkomponenten, in der BORIS-Terminologie auch Instanzen genannt, sowie deren Verbindungen aufgebaut.

Werden Systeme mit BORIS modelliert, muß der Benutzer zunächst festlegen, welche Systemteile statische Komponenten des Systems sind. Sie werden 'auf Instanzen abgebildet'.[68] Die dynamischen Systemteile werden 'auf Daten abgebildet' und mit Hilfe von Datentypen modelliert, die denen der Programmiersprache PASCAL entsprechen. In der Modellstruktur ist zudem durch gerichtete oder bidirektionale Verbindungen der Informationsfluß festgelegt. Die Verbindungen beginnen bzw. enden in den Anschlüssen der Modellkomponenten, die entsprechend in Sende/Empfangs-, Empfangs- oder Sendeanschlüsse unterteilt sind.

Sind im Rahmen der Systemanalyse die Modellstruktur und die Datentypen festgelegt, sind als nächstes die Instanzen zu beschreiben. Dabei besteht die Funktion einer Instanz darin, die über die Anschlüsse empfangenen Informationen zu analysieren, sie unter Einbeziehung ihres aktuellen Zustands zu verarbeiten und daraus abgeleitete Informationen über ihre Anschlüsse an weitere Instanzen weiterzugeben, eventuell nach einer entsprechenden Verzögerungszeit, die der Verarbeitungszeit der realen Systemkomponente entspricht. Um diese Transaktionsfunktion durchführen zu können, benötigt die Modellkomponente neben der empfangenen Information auch die Information über ihren augenblicklichen Zustand; diese Information wird mit Zustandsvariablen abgebildet, die ebenfalls als Datentypen modelliert werden. Außerdem ist in einer Modellkomponente noch Sorge für die Steuerung ihrer Aktivität während des Ablaufs zu tragen. Eine Modellkomponente kann entweder dann aktiv werden, wenn ihr von einer anderen Modellkomponente über ihre Anschlüsse Informationen übermittelt werden (es liegt dann ein Datenereignis vor: Außensteuerung), oder wenn die zu verbrauchende Modellzeit, die der Modellkomponente zur Ausführung ihrer Funktion zugewiesen wurde, abgelaufen ist (es liegt ein Zeitereignis vor: autonome Steuerung).Mit den notwendigen Anschlüssen, den Zustandsvariablen und dem Steuerungsmodus ist eine elementare Modellkomponente vollständig beschrieben.

---

68 vgl. Reisig 1985, S. 64ff.

Die Aktivierung einer Modellkomponente erfolgt durch den Koordinator, der sie aufruft, wenn ein Daten- oder Zeitereignis vorliegt. Der Koordinator ist eine Modellinvariante von BORIS. Das Auslösen einer Aktion, beispielsweise die Ausführung der Funktion F , führt somit in Abhängigkeit von den aktuellen Werten der Anschlußvariablen A, den Werten der Zustandsvariablen Z und der Modellzeit T zu den neuen Werten der Anschluß- und Zustandsvariablen A_{neu} und Z_{neu}:[69]

$$F\ (A,\ Z,\ T) = (A_{neu},\ Z_{neu})$$

Die elementare Modellkomponente wird graphisch als ein benannter Block (black box) abgebildet, an dem die Anschlüsse angezeigt werden. - In Abbildung 14 wird als Beispiel die Dispositionsfunktion in einem Lager modelliert, wobei Aufträge (XAuftr) eingehen, diese quittiert (YAuftr) und nach der Buchung an das Kommissionierungssystem (YKomm) weitergegeben werden. Nach Eintreffen einer Fertigmeldung (XAFer) erfolgt eine Zustandsmeldung (YAZu) an den Auftragseingang.

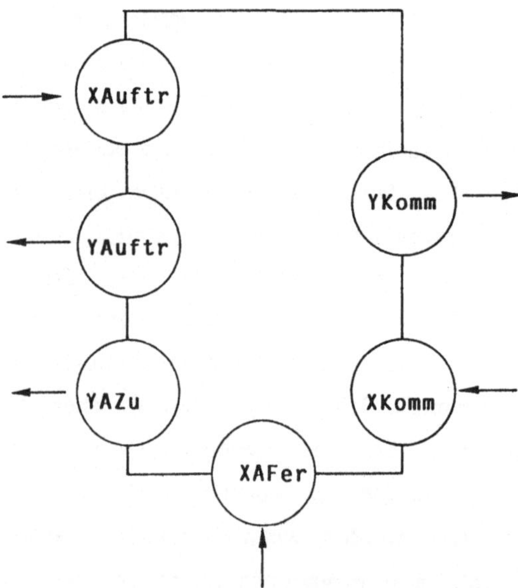

Abb. 14   BORIS Modellkomponente

Ein Netz von Modellkomponenten stellt ein Netz kommunizierender elementarer Modellkomponenten dar. Ein Instanzennetz wird erstellt, indem die elementaren

---

69 Man beachte die Parallelität zur Z-Situation GUTENBERGS (1970, S. 317ff.), wobei dort von konstanten Perioden ausgegangen wird. (vgl. Roski 1987, S. 531f.)

Komponenten identifiziert, die Anschlüsse des Instanzennetzes definiert und mit den Anschlüssen der Modellkomponenten entsprechend der Modellstruktur verschaltet werden. Bei der Verschaltung wird dem Netzanschluß der Datentyp der mit ihm verknüpften Anschlüsse der Modellkomponente zugeordnet. Miteinander verschaltete Anschlüsse müssen typgleich sein, die Einhaltung wird von BORIS überprüft. Ein solches Netz kann wiederum als Modellkomponente in einem anderen Netz verwendet werden. Ein Instanzennetz wird graphisch als Block mit verwendeten Instanzen und deren Verschaltung abgebildet. - Um unser Beispiel fortzuführen, besteht eine Modellstruktur Lager (vgl. Abb. 15) aus den Komponenten Disposition, Kommission, Regal und Verpackung als (statistischen) Blöcken sowie den notwendigen Informationen sowie den auszuleifernden Teilen als (dynamischen) Datentypen.

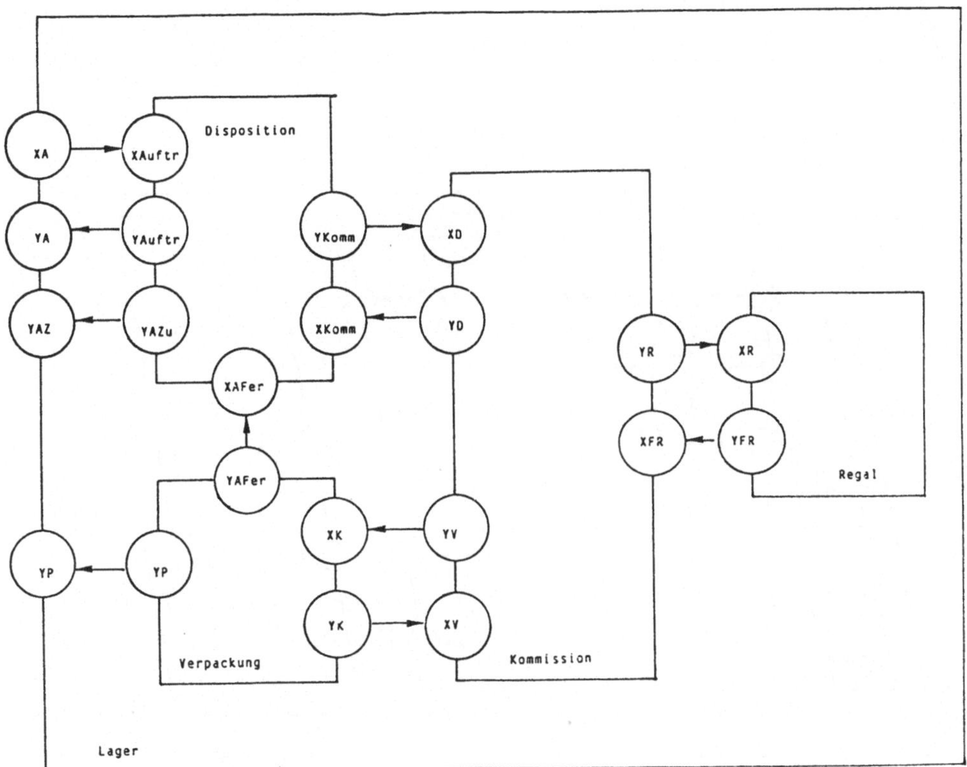

Abb. 15   BORIS Modellstruktur

Ein BORIS-Simulationsmodell wird nach dem Bausteinprinzip mit Hilfe der Instanzen zusammengesetzt. Die in dem Instanzennetz identifizierten Instanzen sind entweder selbst Instanzennetze oder elementare Instanzen. Es ist möglich, Elementarinstanzen durch Instanzennetze (weitere Detaillierung) oder umkehrt Netze durch Instanzen (Abstraktion) zu ersetzen. - Beispielhaft sei hier ein Simulationsmodell (vgl. Abb. 16) gezeigt, bei dem die Auftragsbearbeitung nach einem Verkauf ab Lager modelliert wurde.

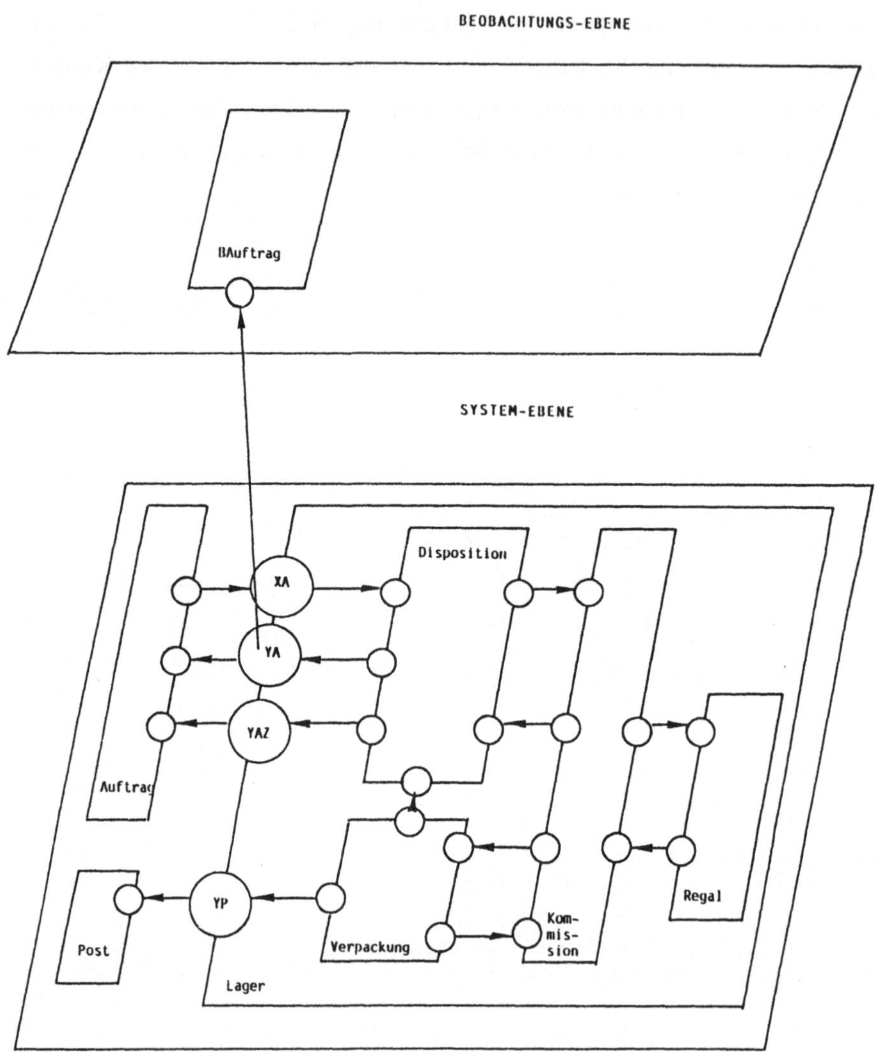

Abb. 16   BORIS Simulationsmodell

In den seitherigen Erläuterungen wurde nur auf die Modellierung des zu simulierenden Systems Bezug genommen. Bei der Simulation müssen jedoch Daten gesammelt und ausgewertet werden, um daraus Aussagen bezüglich des Systems ableiten zu können. Zu diesem Zweck bietet BORIS die Möglichkeit, unabhängig vom modellierten System Beobachtungsebenen zu definieren, um Daten zu sammeln und auszuwerten. So besteht die Systemebene aus einem Instanzennetz (Systemmodell); zusätzlich können bis zu neun Beobachtungsebenen modelliert werden.[70] - In unserem kleinen Beispiel (vgl. Abb. 16) werden einfach die Auftragseingänge gezählt.

3.3.3.2 Simulation mit BORIS

In BORIS wird ein Systemmodell durch ein Netz ohne Sendeanschlüsse repräsentiert. Aufgrund der Definition eines Instanzennetzes als Systemmodell erstellt BORIS ein Simulationsprogramm. Zunächst wird die hierarchische Struktur des Instanzennetzes aufgelöst, für miteinander verbundene Anschlüsse wird jeweils genau eine Variable generiert, d. h. jeder Verbindung, auch über Instanzen hinweg, entspricht ein und dieselbe Anschlußvariable. De facto wird der Wert einer Anschlußvariablen den mit ihr verknüpften Instanzen bei jedem Aufruf als aktueller Parameter übergeben. Der Koordinator verknüpft die über die Hierarchiegrenzen hinaus miteinander verbundenen Elementarinstanzen zum Ablauf. Instanzen der Beobachtungsebenen werden nur dann vom Koordinator aufgerufen, wenn eine der Elementarinstanzen der Systemebene aktiviert worden ist, um die entsprechenden Daten auszuwerten.

Ein BORIS-Programm ist variablengesteuert, es wird immer dann geschaltet, wenn alle zu empfangenden Variablen vorliegen. Diese Kausalität im Simulationsmodell führt zur Ereignissteuerung (net change).[71] Über den Koordinator, der auf dem PASCAL Runtime System basiert, wird an einem diskreten Zeitpunkt nach Errechnen aller Veränderungen auf den nächsten Kalendereintrag weitergeschaltet.

Beim Simulationslauf eines Modells wird dessen spezifizierter Zeitverlauf nachgebildet und ausgewertet. Dabei unterscheidet man zwischen Simulationszeit und Modellzeit: Unter Simulationszeit versteht man die für die Ausführung der Simulation benötigte Rechenzeit, während die Modellzeit die Zeit nachbildet, die das reale System beim realen Ablauf seiner Funktion benötigen würde. Die Transformationsfunktionen sind daher entweder modellzeitverbrauchend oder zeitfrei. Aktivierung und Deaktivierung erfolgen über den Koordinator, der somit die Modellzeit global verwaltet. Über das Modell ist dem Koordinator die Verschal-

---

70 vgl. hierzu Rosenstengel 1985, S. 151ff.
71 vgl. Scheer 1984, S. 1119

tung der Instanzen bekannt. Aufgrund dieser Verschaltungsinformation ist der Koordinator in der Lage, die Elementarinstanzen in der richtigen Reihenfolge während des Simulationslaufes aufzurufen und die Modellzeit fortzuschalten. Meldet eine Elementarinstanz eine Verzögerungszeit[72], so trägt der Koordinator das Ereignis 'Ende der Verzögerungszeit'[73] in seinen Kalender ein und ruft die Elementarinstanz bei seinem Eintritt (Zeitereignis - time event) auf. Meldet eine Elementarinstanz einen oder mehrere geänderte Anschlüsse,[74] sucht der Koordinator mittels der Verschaltungsinformation alle die Elementarinstanzen, die mit einem derartigen Anschluß verschaltet sind, und ruft sie anschließend (mit Datenereignis - data flow event) auf. Im Anschluß daran veranlaßt der Koordinator den Aufruf der Elementarinstanzen auf den Beobachtungsebenen, falls ein Empfangsanschluß mit der eben aktivierten Elementarinstanz der Systemebene verknüpft ist. Zu Beginn und am Ende eines Simulationslaufs können ferner noch weitere statistische und mathematische Operationen berechnet werden, die im einzelnen zu spezifizieren sind.

Einige schon verfügbare Testhilfen erleichten das Verschalten der Instanzen (parity check) und die Fehlerverfolgung (tracing). Derzeit arbeitet man bei SIEMENS daran, eine auf einer APOLLO-Workstation ablauffähige Version, basierend auf dem SINIX-Betriebssystem, zu entwickeln. Damit könnte im Einzelfall auf den bislang noch notwendigen Großrechner verzichtet werden.

---

72 BORIS-Sprachkonstrukt DELAY(time, name)
73 BORIS-Sprachkonstrukt END_DELAY(name)
74 BORIS-Sprachkonstrukt RECEIVE(x)

4.1   Grundidee der Lebenswegkosten

4.1.1   Das gegenwärtige Dilemma

Bei der Planung eines technischen Systems erfolgt eine Verständigung über die wünschenswerten Systemeigenschaften, die Leistungen des neuen Systems, während die Kosten, die durch das System in der einen oder anderen Weise verursacht werden, zumindest zu Beginn teilweise im dunklen liegen. Dazu mögen unterschiedliche Interessen und damit zusammenhängende Verhaltensweisen beitragen. Erst zu einem späteren Zeitpunkt werden die Kosten und ihre Entstehung sichtbar; trotzdem sollte von Anfang an die Orientierung an den Gesamtkosten angestrebt werden. Nicht erst seit heute sind vor allem bei Großprojekten dramatische Kostensteigerungen festzustellen, wobei mehrere Ursachen zusammenwirken können:[1]

1. Kostensteigerungen durch Konstruktionsänderungen während der Entwicklungs- und der Bau-/ Herstellungsphase, um die Systemleistungen zu steigern

2. Kostensteigerungen durch Produktionsänderungen

3. Kostensteigerungen durch Änderungen in der Programmplanung

4. Kostensteigerungen durch Veränderungen in der logistischen Betreuung für ein fertiges technisches System

5. Kostensteigerungen durch vergrößerte Dokumentationspflichten

6. Kostensteigerungen durch Ungenauigkeiten bei den Kostenschätzungen

Auf der anderen Seite stehen zunehmend engere Budgets, aus denen nicht nur die Aufwendungen für das einzelne technische System bezahlt werden sollen. So stehen im einzelnen Fall weniger Mittel unsichtbaren Kosten gegenüber.[2]

---

1 vgl. Blanchard 1978, S. 2
2 Eine plastische Darstellung vergleicht die Kosten mit einem Eisberg, von dem nur ein Zehntel oberhalb der Wasseroberfläche zu sehen ist. vgl. Blanchard 1978, S. 6

Besonders die Aufwendungen während der Betriebsphase werden unterschätzt, weil die Bedeutung der Instandhaltung durch hohe Produktivitätsanforderungen wächst.[3] Häufigkeit und Zeitbedarf für Instandhaltungsmaßnahmen sowie die damit verbundenen Ausfallkosten durch geringere Verfügbarkeit des Systems gewinnen dadurch an Bedeutung, wenn die Gesamtkosten des Systems verteilt werden. Ähnliches gilt für die Außerdienststellung.

Schon unter dem Datum des 21. September 1933 forderte das U.S. General Accounting Office die Berücksichtigung von Kosten während der Betriebsphase eines Traktors.[4] In Deutschland findet sich die erste Erwähnung dieses Ansatzes bei dem Systemtechniker DREGER[5]; eine erste Monographie von WÜBBENHORST[6] erschien 1984. Letztere greift auf die amerikanischen Veröffenlichungen der späten sechziger und der siebziger Jahre zurück; insbesondere seit 1971 normiert das U. S. Department of Defence in der Vorschrift DoD DIRECTIVE 5000.1 "Acquisition of Major Defence Systems" Terminologie und Einsatzbedingungen für das militärische Beschaffungswesen in den Vereinigten Staaten. Wiewohl seither hauptsächlich in der Luft- und Raumfahrtindustrie[7] angewandt, wird das geschilderte Dilemma zunehmend auch in der Investitionsgüterindustrie erkannt, wenn von sogenannten Systemlösungen die Rede ist.

Als Ausweg aus diesem Dilemma wird hier das Konzept der Lebenszykluskosten (life cycle cost) vorgeschlagen: "Life cycle cost refers to all costs associated with

---

3 vgl. Warnecke 1981, S. 1f; Dreger 1974, S. 455ff
4 "It may be stated, however, that the cost of maintenance and operation of equipment would appear of primary importance and no legal objection is seen to the insurance of a propper specification advising prospective bidders that such elements will be taken into consideration in addition to price in the rejection of bids. If, however, a higher price is accepted on the basis of lower maintenance and operation cost, there must be a definite and concise showing with respect thereto and the basis used for the determination thereof, whether under actual use conditions or otherwise." General Service Administration: Life Cycle Costing Workbook, Washington D. C. 1977, zit. nach Wübbenhorst 1984, S. 6
5 vgl. Dreger 1974
6 vgl. Wübbenhorst 1984
7 vgl. Seldon 1979, S. XVIII

the system and applied to the defined life cycle. (...) Life cycle cost is basically determined by

- identifying functions in each phase of the life cycle

- costing those functions applying the appropriate cost by function on a year-to-year schedule; and

- ultimately accumulating the costs for the entire span of the life cycle."[8]

4.1.2   Lebenswegkosten in ihrem Methoden - Umfeld

Seit Ende der fünfziger Jahre läßt das amerikanische Verteidigungsministerium von der RAND Corporation eine Methodik zur Haushaltsplanung weiterentwickeln. Das Planning, Programming and Budgeting System (PPBS) soll systematische Informationen über den Haushalt liefern, zyklische Zusammenfassungen ermöglichen, den Überblick fördern und der kameralistischen Neigung zur Fortschreibung schon bestehender Haushaltsansätze entgegenwirken.[9]

In den sechziger Jahren wurde bei der Firma TEXAS INSTRUMENTS eine Planungsmethodik, Zero Based Budgeting (ZBB), entwickelt, die ebenfalls einer inkrementellen Planungseinstellung entgegenwirken soll.[10] Grundgedanke des ZBB ist, bei der Systemanalyse zunächst gedanklich alles Bisherige in Frage zu stellen, um sich bei der anschließenden Synthese auf die notwendigen Systemfunktionen und damit die durch diese verursachten Kosten zu beschränken.

Schließlich sind vor allem Ingenieure bei der Entwicklung von systematischen Konstruktionsmethoden aufmerksam geworden: Bei dem amerikanischen 'Design to cost' - Ansatz werden in die Zielbildung und in das Lastenheft vor dem Konstruktionsbeginn neben technischen Parametern Kostenkennwerte aufgenommen. So soll zu einem wirtschaftlichen Kompromiß zwischen technischen Spezifikationen und wirtschaftlicher Darstellung der Systemleistung beigetragen werden.[11] Diese Vorgehensweise ist zwischenzeitlich für die Entwicklung von Systemen für die amerikanischen Streitkräfte normiert.[12] In Einzelgebieten sind ähnliche

---

8 Blanchard 1978, S. 9f.
9 vgl. Meyer 1973; Reinermann 1975, S. 100ff.; sehr grundsätzlich dazu Koenig 1977, S. 310ff.
10 vgl. Langner 1983, S. 77ff.
11 vgl. Lewis 1980
12 vgl. DoD Directive 5000.28, 1975

Überlegungen unter anderem Namen bekanntgeworden. Genannt seien: schadensfreie Anlagenkonstruktion[13], Terotechnology[14] und Reliability Centered
Maintenance[15].

Ohne daß die unterschiedlichen Methoden näher untersucht werden sollen, wird
deutlich, aus welchem Umfeld auch der Lebenswegkostenansatz stammt. Während
aber PPBS - und ZBB - Überlegungen einer Makroebene von Budgets zugeordnet
werden können, sind die verbleibenden Methoden eher einer Mikroebene zuzuweisen.

4.1.3   Lebenswegdenken in der Unternehmensplanung

Der aus dem Griechischen entlehnte Begriff Zyklus beschreibt eine wiederkeh-
rende Folge von Ereignissen, wobei praktisch immer von der Vorstellung eines
Kreislaufs ausgegangen wird.[16] Über die Biologie ist der Begriff des Zyklus in
die wirtschaftliche und technische Planung eingegangen. Trotz des anschaulichen
Bildes birgt diese Betrachtung eine Schwäche in sich: Die intuitiv einleuchtende
Vorgehensweise schließt die mögliche Gefahr einer identischen Wiederholung ein.
Das resignative Bonmot 'Das einzig Beständige ist der Wandel' weist einerseits auf
die einschläfernde Wirkung der Wiederholung eines Vorgangs hin, andererseits
wird aber auch die hohe Abstraktion deutlich, um zu generalisierbaren Aussagen
zu gelangen. Dabei muß häufig ex definitione der situative Anteil der Determinanten eines Problems ausgeschlossen werden. Diese offenkundigen Einschränkungen versuchen manche pragmatisch denkenden Autoren durch die Beobachtung von Mustern[17] oder wenigstens von Ähnlichkeiten zu mildern, um Hinweise
für die Unternehmenspolitik und -planung abzuleiten[18].

Die dialektische Verkehrung, den Wandel zu planen, erfordert daher immer den
Rückgriff auf empirisch nachweisbare Vorgänge, die immer noch abstrakt als
Konjunktur-, technische, politische und kulturelle Zyklen bezeichnet werden.[19]

Bezogen auf ein einzelnes Unternehmen, wird die Unternehmenstätigkeit ebenfalls mit Hilfe eines Zyklus analysiert: des Strategic Resource Conversion Cycle.[20]

---

13 vgl. Grothus 1970
14 vgl. Wassermann 1980
15 vgl. Nowlan 1980
16 vgl. Menge 1913, S. 409
17 vgl. Hayek 1972
18 vgl. Peters 1983
19 vgl. Tichy 1983, S. 333
20 vgl. Hofer 1978, S. 145ff.

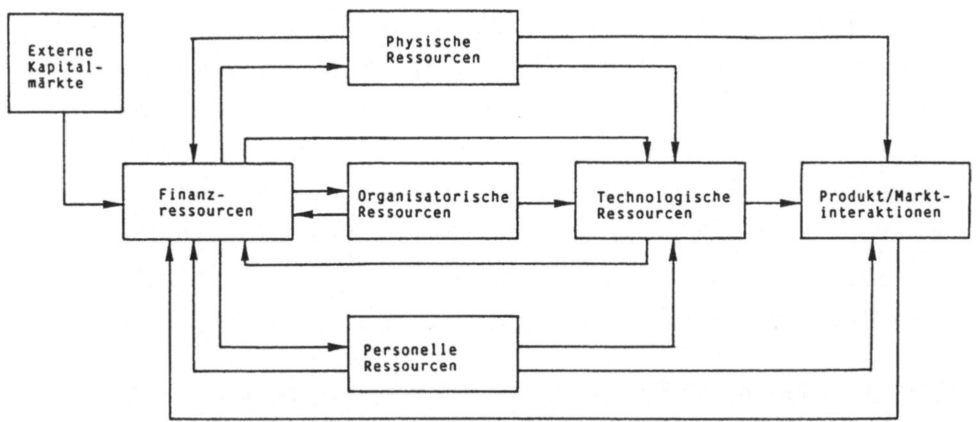

Abb. 17   Ressourcen-Konversion (Strategic Resource Conversion Cycle)

Die unternehmerische Leistung wird hier als Bewirtschaftung physischer, finan-
zieller, organisatorischer, technischer und personeller Ressourcen dargestellt, die
zu Marktleistungen führt.[21]

Hier steht eine Problemlösung im Mittelpunkt der Betrachtung, wobei das
Konzept des Lebenszyklus die Integration technischer Überlegungen sowie von
physischen (Realgüter-), monetären (Nominalgüter-) und Informationsströmen
ermöglicht.

Ausgehend von einer einheitlichen Idee in den Sozialwissenschaften, betrachtet
BOULDING[22] als größte Einheit ein Ökosystem, dessen einer Teil das Wirt-
schaftssystem sei. Zur Beschreibung des handelnden Individuums gebraucht er das
aus der Biologie entliehene Bild des Lebenszyklus, wobei das einzelne Individuum
zu einer Population gleicher oder zumindest ähnlicher Individuen gehört. In der
Sprache der Mathematik kann diese Population entsprechend als Klasse gleich-
artiger Elemente angesprochen werden. Dieser der Mengenlehre zuzuordnende
Begriff erschließt die Möglichkeit, auf die Konzepte der allgemeinen Systemtheorie zurückzugreifen. Mit der Systemtheorie[23] kann ein technisches System
phänomenologisch beschrieben werden; über den Grad der Zerlegung und die
Zusammenhänge zwischen den Elementen oder zwischen einem Element und der
Umwelt (Schnittstellen) wird durch eine Beschreibung allerdings noch nicht alles
ausgesagt.

---

21 vgl. in diesem Zusammenhang Kreislaufmodell von Quesnay 1758
22 vgl. Boulding 1950, S. 15ff.
23 vgl. Kapitel 2

Zum einen versteckt sich hinter dem Systembegriff eine wissenschaftstheoretische Kontroverse zwischen dem Physiker HEISENBERG und dem Wissenschaftsphilosophen CARNAP. SCHULZ[24] zieht aus ihr die Schlußfolgerung, der Systembegriff sei als "offener Leitbegriff" anzusehen, etwa wie der Begriff "Rolle" in der Verhaltenswissenschaft, der die Beschreibung erleichtere, aber keinen festumrissenen Inhalt habe. In mathematischer Argumentation wird durch die mengentheoretische Formulierung diese Auffassung gestützt, denn auch in der Mathematik ist die Struktur des Systems oder sein Verhalten nicht präjudiziert, die 'offene' Definition liefert nur den Rahmen für die Gestaltung.

Diese Offenheit der Definition ist aber andererseits nicht mit dem Charakter einer Grenze des Systems zu verwechseln. Ein System wird als offen bezeichnet, wenn keine Interaktion zwischen System und Umwelt via einer zu beschreibenden Relation - der Durchgang durch die Systemgrenze ist eine Schnittstelle - besteht. Da bei der Bewirtschaftung eines technischen Systems immer Beurteilungs- und Bewertungsfragen eine Rolle spielen, ist die Geschlossenheit des betrachteten Systems Mensch-Maschine oder Mensch-Hardware-Software eine häufig implizit vorgenommene Vereinfachung, bestenfalls, drastischer ausgedrückt, handelt es sich um eine populäre Fiktion. Denn solange ein Mensch soziale Bezüge einbringt, also nicht mit einer vollständig beschreibbaren Entscheidungsfunktion abgebildet werden kann, solange ist das betrachtete System lernend und damit offen.

Trotz dieses prinzipiellen Vorbehalts wird versucht, durch Beschreibung der Schnittstellen das betrachtete System 'zu schließen'. Der Grund liegt in der beschränkten Kapazität des Menschen, Informationen aufzunehmen und auszuwerten. Schließlich sind die Werkzeuge bei dieser Auswertung ebenfalls beschränkt: Automaten können nur innerhalb ihrer Kapazität Daten verarbeiten. Die Energie, die zur Übermittlung von Informationen dient, ist überdies auch beschränkt. Dieser scheinbare Widerspruch ('Offene Systeme') wird in der jüngeren Literatur zur Systemtheorie durch Rückgriff auf die Thermodynamik[25] aufgelöst, der von dem diskutierten anisotropen Charakter der Zeit ausgeht. In einem offenen System haben Zeit und Entropie in dieser Betrachtungsweise eine irreversible Richtung (Geschichtlichkeit), die das 'Schließen' des Systems unmöglich macht. Zwar kann durch Beschreibung der Schnittstellen ein System mit Hilfe eines endlichen Automaten abgebildet werden, aber die Anisotropie der Zeit

---

24 vgl. Schulz 1972, S. 14f.
25 vgl. Wehrt 1984, S. 440ff.

erzwingt die Berücksichtigung der evolutiven Entwicklungsmöglichkeiten. Es sei nur angemerkt, daß die Evolution eines Systems nichts mit der ihm eigenen Dynamik zu tun hat.

Folgerung daraus ist, daß die Analyse von Gleichgewichtszuständen (Homöostasis) einen vielleicht großen, aber dennoch beschränkten Ertrag haben muß. Das Dilemma, entweder Perfektion als Utopie und nicht erreichbares Ziel in die Analyse einzubeziehen oder zu einer abstrakten Vergröberung des Problems zu greifen, ist nicht aufzulösen. Dieses Dilemma kann nur überwunden werden, wenn man nach Planungsmöglichkeiten sucht, die die Evolution eines Systems zumindest mit einbezieht, also das Gleichgewicht eines Systems als Spezialfall einer Theorie des Ungleichgewichts behandelt. Kriterium für die Eignung eines Planungsverfahrens muß es daher sein, Evolution des Systems zu ermöglichen, gleichzeitig die Begrenztheit der Problemlösung zu erhalten, damit Manager weiter damit umgehen und Maschinen ihnen dabei helfen können. Einer Offenheit des Systems muß so eine Offenheit des Planungsverfahrens gegenüberstehen.

Interessanterweise vermutet BOULDING[26] in seinem integrativen Bemühen auch, daß eine allgemeine Theorie des Ungleichgewichts (disequilibrium) die Betrachtung von Lebenszyklen als Grundlage nehmen müßte. Notwendig sind nach seiner Ansicht Instrumente, die die Wirkung von Kräften beobachten und analysieren helfen; insbesondere stellt er zwei Hypothesen auf:

1. Prinzip der Trägheit: Niemand macht etwas, ohne daß er muß.

2. Prinzip des geringsten Widerstands: Wenn man etwas machen muß, macht man es auf die leichteste Art.[27]

Der Gebrauch der biologischen Metapher 'Geburt' und 'Tod' in der Unternehmensplanung wird durchaus kritisch gesehen;[28] andererseits hat sich wohl keine Sozialwissenschaft dem Gebrauch dieser Terminologie entziehen können.[29]

Auf die einzelne dem Unternehmen zur Verfügung stehende Ressource bezogen wird in der Literatur[30] eine Detaillierung vorgeschlagen - insbesondere wird an

---

26 vgl. Boulding 1950, S. 39f.
27 Principle of inertia: nobody does anything unless he has to do! - Principle of least resistance: if you have to do anything, you do the thing that is easiest to do!
28 vgl. Kimberley 1980, S. 6f
29 z.B. Produktlebenszyklus: vgl. Albach 1965, S. 9ff.; Brockhoff 1967, S. 472ff.; Pfeiffer 1974, S. 635ff;Organizational Life Cycle: vgl. Kimberley 1980, S. 3ff; Financial Service Life Cycle: vgl. Heskett 1986, S. 14; Software Life Cycle: vgl. Lientz 1980, S. 158ff., Boehm 1980, S. 195ff.
30 vgl. Bender 1982, S. 82ff.; Hofer 1978, S. 145ff.

eine Trennung zwischen Planungs- (Management-) und Ausführungszyklus gedacht, zwischen denen vielfältige Verknüpfungen gesehen werden (vgl. Abb. 18).[31]

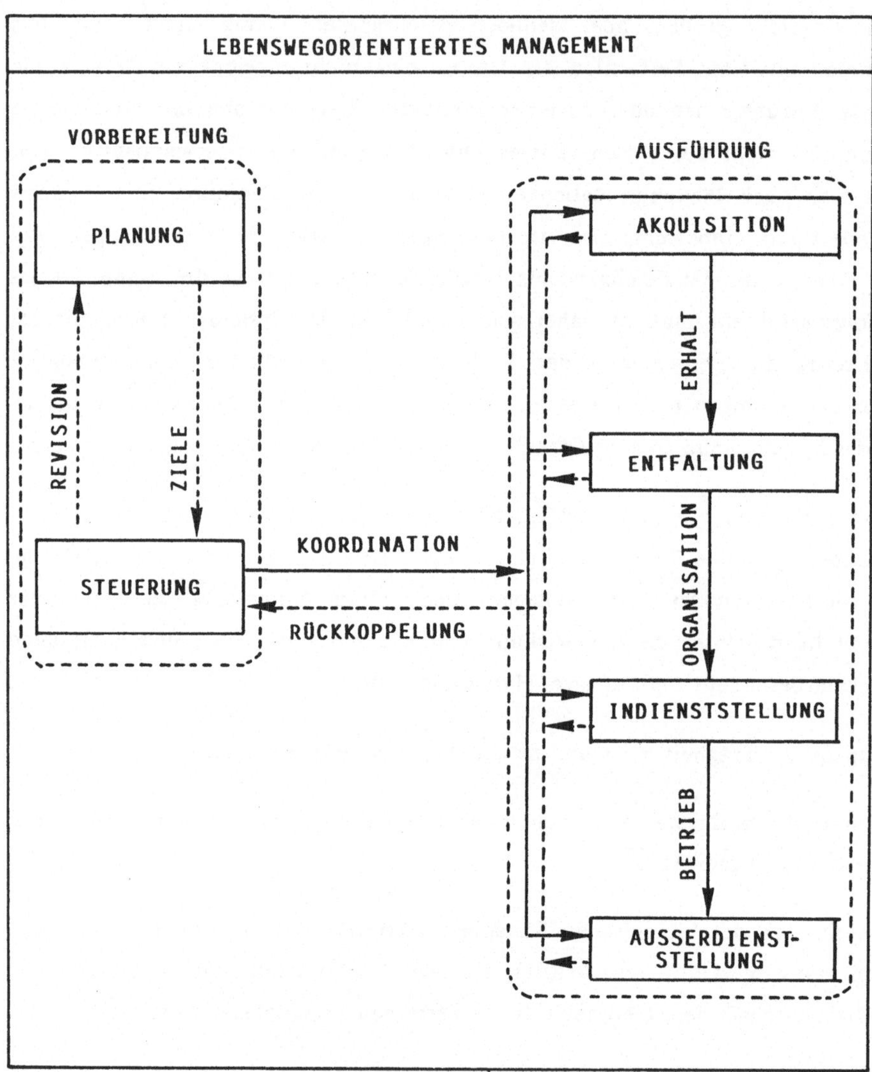

Abb. 18   Lebensweg einer Ressource (Resource Life Cycle)

Um dem Bemühen der Ungleichgewichtsbetrachtung gerecht zu werden und außerdem die Individualität des Planprojektes zu betonen, wird im folgenden

---

31 vgl. Bender 1982, S. 84

lediglich der Begriff Lebensweg benutzt, um nicht den Eindruck der möglichen identischen Wiederholung, der vielleicht beim Ausdruck Lebenszyklus mitschwingt, zu verstärken.

In dieser Studie steht die Betrachtung des Lebenswegs eines technischen Systems im Mittelpunkt; mit Hilfe der obigen Diskussion wird der Bezug zum gesamten Aufbau der Unternehmensplanung hergestellt.[32]

4.2 Eine Sequenz der Strukturierung

4.2.1 Abgrenzung des technischen Systems

Im technischen Sinne wird unter dem zu betrachtenden System die Zusammenfassung von Elementen verstanden werden, die eine gewünschte, definierte Funktion erbringt.[33] Die Elemente umfassen dabei Ausrüstung (Hardware), Fazilitäten, Material, Software, Dienstleistungen und ausgebildetes Personal, so daß die betrachtete Einheit in zufriedenstellendem Maße autark ist, um die Funktion in einer zum Betrieb geeigneten Umgebung während des geplanten Lebenswegs zu erfüllen.[34] Entscheidendes Merkmal bei der Beurteilung der Systemleistung ist die Systemverfügbarkeit und die ihr zugrunde liegende Systemzuverlässigkeit.[35] Von daher ist einem technischen System insbesondere die Eigenschaft Instandhaltbarkeit zuzurechnen, da die Systemfunktion Überlegungen zu Lebensdauer, Wartungs- und Instandhaltungsaufwand sowie zur Ersatzteilversorgung einbeziehen muß.[36]

Logistik bedeutet in diesem Zusammenhang vor allem die Ver- und Entsorgung des technischen Systems und findet in Elementen wie Testeinrichtungen, Ersatzteilversorgung, Ausbildung von Bedienungspersonal, Bau von Infrastruktur etc. seinen Niederschlag, die für den Güter- und Dienstleistungsstrom zum technischen System und vom System notwendig sind.[37] Das schließt die Verteilung der Systemleistung und die Instandhaltung während der Nutzungsdauer mit ein.[38]

---

32 vgl. Kapitel 7
33 vgl. Blanchard 1981, S. 2
34 vgl. Blanchard 1981, S. 2; andere Definitionen vgl. Männel 1968, S. 27; Engelhardt 1981, S. 24f.
35 zur Definition vgl. DIN 40041; Darstellungen z.B. Barlow 1965; MBB 1971, S. 70ff.; Dahmen 1975, S. 88ff.
36 vgl. Wolff 1970, S. 41ff.; Christmann 1973, S. 9, S. 47f.; Noé 1984, S. 117ff.
37 vgl. Mosel 1983, S. 738ff.
38 vgl. Thomas 1983, S. 219

4.2.2   Dimension 1: Das Arbeitspaket im Arbeitsstrukturplan

Liegt die betrachtete Phase im Lebensweg zunächst fest,[39] so wird für die nächste Dimension die Aufgliederung in Arbeitspakete vorgeschlagen. Die weitverbreitete Definition stammt aus dem Standard des amerikanischen Verteidigungsministeriums,[40] die die Zerlegung in Arbeitspakete mit Hilfe eines Arbeitsstrukturplanes (work breakdown structure) beschreibt: dieser ist "a product oriented family tree composed of hardware, services, and data which result from project engineering efforts during the development and production of a material item, and which completely defines the project program. A work breakdown structure displays and defines the product to be developped or produced and relates the elements of work to each other and to the end product". Mit der Festlegung von Arbeitspaketen beginnt die Festlegung von Kosten, wobei bei der Konstruktion eines Teils am Ende die vollständige Beschreibung dieses Teils für Bau und Betrieb steht. Dies schließt Kostenziele für einzelne Phasen des Lebensweges mit ein.[41]

Die Zerlegung in Arbeitspakete kann sich in der Praxis häufig an schon vorhandene Gliederungen anlehnen.[42] Die Zerlegung kann bei der Hardware bis zum Verschleißteil detailliert werden,[43] wobei Kosten - Nutzen - Überlegungen in den einzelnen Phasen die Verfeinerung begrenzen helfen.

Bei näherer Betrachtung fällt auf, daß die vorgeschlagene Baumstruktur nicht alle Beziehungen zwischen den Arbeitspaketen abbildet; aber sie stellt eine erste Grundlage dar, die auf Wunsch verfeinert werden kann und zugleich die Aufstellung des Mengengerüstes ermöglicht. Dadurch können schon in einem frühen Stadium der Planung eines technischen Systems Konflikte identifiziert und bereinigt werden. Über die verschiedenen Phasen hinweg können die Angaben dann präzisiert werden, indem auf derselben Ebene des Baumes neue Arbeitpakete eingeführt oder indem zusätzliche Ebenen eingezogen werden.

Der Arbeitsstrukturplan führt die einzelnen Arbeitspakete schließlich zusammen, wobei die im einzelnen zugeordneten Ressourcen für Planungs-, Überwachungsund Steuerungszwecke nach Ebene des Arbeitsstrukturplans, nach Termin oder

---

39 vgl. Abschnitt 4.2.4.
40 DoD MIL-STD-881,1975
41 vgl. performance to cost- and design to cost- Überlegungen (Ehrlenspiel 1985, S. 41ff.); frühe Trade off - Beziehungen im Flugzeugbau modelliert Jones 1980
42 zu Baukastensystemen vgl. Ropohl 1971, S. 200; zum modularen Anlagenaufbau vgl. Faubel 1985, S. 58; zum modularen Software-Aufbau vgl. Tausworthe 1978, S. 156ff.
43 vgl. Middelmann 1977, S. 32

nach Ast verdichtet werden können.[44] Eine derart aufbereitete Fassung des Arbeitsstrukturplans bildet, abstrakt formuliert, das Mengengerüst des technischen Systems, wobei nicht nur die physischen Teile aufgeführt werden, sondern auch die einzelnen zu erbringenden Dienstleistungen berücksichtigt werden. Als Ergebnis einer logischen Aufteilung in Arbeitspakete liefert der Arbeitsstrukturplan auch die Möglichkeit, einzelne Arbeitspakete in ihrer Verantwortung den entsprechenden Organisationsstrukturen zuzuweisen.

4.2.3   Dimension 2: Die Bewertung

4.2.3.1   Der Kostenstrukturplan

Im allgemeinen wird unter Kosten der bewertete Verbrauch von Produktionsfaktoren für die Erstellung eines Produkts und dessen Absatz sowie die Aufrechterhaltung entsprechender Kapazitäten verstanden.[45] In der volkswirtschaftlichen Sicht werden zudem auch noch Aufwendungen zu den Kosten gezählt, die Dritten entstehen. Die auf das technische System zu beziehenden Kosten sind daher vorab von den externen Kosten (social cost[46]) zu unterscheiden.

Beim Konzept der Lebenswegkosten geht man von der Zurechnung der Kosten zu einem technischen System als Bezugsbasis aus; im allgemeinen begnügt man sich mit den einwandfrei zu erfassenden Kosten (direct cost), wie Arbeits- und Materialkosten, während die Gemeinkosten (indirect or overhead cost) vernachlässigt werden.[47]

Es liegt also der entscheidungsorientierte Kostenbegriff zugrunde.[48] In der derzeitig zugänglichen Literatur wird überdies auf die mögliche stufenweise Zurechnung der Gemeinkosten zu den Lebenswegkosten über geeignete Schlüssel nicht eingegangen.

Je nach Bedeutung können drei Kostenkategorien unterschieden werden: getätigte, verfügte und verfügbare Ausgaben (vgl. Abb. 19).[49] Auf analoge theoretische Aussagen zum Problem der Kostenremanenz sei hier nur hingewiesen.[50]

---

44 vgl. Blanchard 1974, S. 337; Seldon 1979, S. 258f.
45 Kilger 1972, S. 20; zum Unterschied zwischen dem wertmäßigen und dem pagatorischen Kostenbegriff vgl. Kilger 1976, S. 23ff.
46 vgl. z.B. Heinen 1975, S. 219f. und die dort angeführte Literatur sowie Sassone 1978, S. 32ff.
47 vgl. Blanchard 1978, S. 26ff.
48 zur Definition vgl. Riebel 1976, S. 389, zur Diskussion S. 12ff.
49 vgl. Fischer 1985, S. 43
50 vgl. Heinen 1975, S. 139ff.

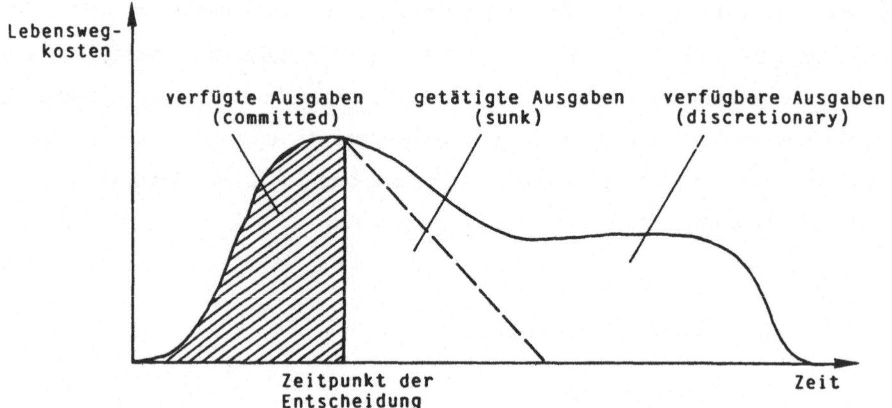

Abb. 19   Entscheidungsrelevante Kostenkategorien

Ferner sei auf den Unterschied zwischen Gesamtkosten (eines Programms) und den Stückkosten (unit cost)[51] eines einzelnen Systems sowie auf einmalige (nonrecurring cost) und wiederkehrende (recurring cost) Kosten hingewiesen.[52]

Nicht vernachlässigt werden soll eine Gefahr, die in der Begriffsbildung der Lebenswegkosten steckt: Es wird bei der Bewertung unterschiedlicher Alternativen stillschweigend von einem identischen Leistungsumfang, der von dem zu planenden technischen System erbracht wird, ausgegangen. Die zunehmenden Anforderungen an solche (teuren) Systeme, man denke auch an schwer zu quantifizierende Eigenschaften wie Flexibilität[53] des Systems, machen bei problemabhängigen Planungshorizonten die Berücksichtigung von Leistungs- und Kostengesichtspunkten notwendig, denn für den Lebensweg eines Systems sollen ja Gestaltungsmöglichkeiten erschlossen werden, die weit über die 'Systemverwaltung' hinausgehen.

Für die Zwecke der Vertragsverhandlungen oder für die Beurteilung von Nutzen und Kosten des technischen Systems der Budgetierung ist eine Bewertung der Kosten für den gesamten Lebensweg unabdingbar. Nicht der Beschaffungspreis (acquisition cost) ist das wesentliche Datum, sondern die Lebenswegkosten (life

---

51 vgl. Blanchard 1978, S. 25f.
52 vgl. Blanchard 1978, S. 30f.
53 vgl. hierzu Krupp 1983, S. 203ff.

cycle cost), die auch die Betriebs- und Außerdienststellungskosten (user cost) berücksichtigen:[54]

$$\text{Lebenswegkosten} = \text{Beschaffungspreis} + \text{Betriebskosten}$$

In der Investitionsplanung werden einzelne, zu untersuchende Alternativen mit Hilfe von Kalkülen analysiert, die je nach vorliegenden Informationen Risikoaspekte miteinbeziehen. Sowohl bei der Entscheidungsvorbereitung unter Sicherheit (einwertige Verfahren) als auch bei der der Entscheidungvorbereitung unter Unsicherheit (mehrwertige Verfahren)[55] wird als Grundlage der Kapitalwert verwendet.

$$C = \sum_{t=0}^{T} (e_t - a_t) \cdot q^{-t}$$

C : Kapitalwert
e_t : Einzahlung $\Big\}$ in der
a_t : Auszahlung Periode t

$$0 \leq t \leq T$$

T : Nutzungsdauer

$$e_t, \; a_t \geq 0$$

$$q = 1 + r; \; r \geq 0$$

r : Kalkulationszinsfuß

$$ZR = [e_t - a_t]$$

ZR : Zahlungsreihe

$$e_t, \; a_t \geq 0$$

$$0 \leq t \leq T$$

Abb. 20   Definition des Kapitalwertes

Mit anderen Worten: Es wird die Kenntnis über die Einzahlungen e_t und die Auszahlungen a_t in einem betrachteten Zeitraum als bekannt angenommen;[56] die Kapitalwertrechnung verarbeitet diese Angaben weiter, erklärt aber nicht deren Zustandekommen.

---

54 vgl. Köppl 1979, S. 126
55 z.B. Kruschwitz 1985, S. 137ff.(unter Sicherheit), S. 237ff. (unter Unsicherheit)
56 zur analogen Verwendung des Cash Flow vgl. z.B. Herbst 1982, S. 18

Die Schätzung der Lebenswegkosten kann in diesem Zusammenhang als Voraussetzung einer klassischen Investitionsrechnung bezeichnet werden. Denn die lebenswegbezogene Systemplanung ermittelt ja gerade ereignisbezogene Schätzungen über Leistungen und Kosten des betrachteten Systems. Aufgrund der disaggregierten Schätzungen können zudem Aussagen über die unterschiedlichen Dispositionsmöglichkeiten gemacht werden.Grundlage aller Bewertungsüberlegungen ist dabei der Arbeitsstrukturplan, der das Mengengerüst aller Teile und Aktivitäten enthält. Im Zuge einer weiteren Detaillierung müssen nun Aussagen über alle Kostenkategorien gemacht werden, insoweit sie durch das technische System und die gewünschten Systemleistungen verursacht werden. Liegen diese vor, kann der Arbeitsstrukturplan in den Kostenstrukturplan überführt werden (vgl. Abb. 21).[57] Einschränkend ist anzumerken, daß es keine systematische Methode zur Identifikation der Kostenkategorien gibt.[58] Die Expertise eines jeden Systemmanagers ist also die Grundlage für jede neue Entwicklung, wobei allerdings Ähnlichkeiten und Analogien auftreten können.

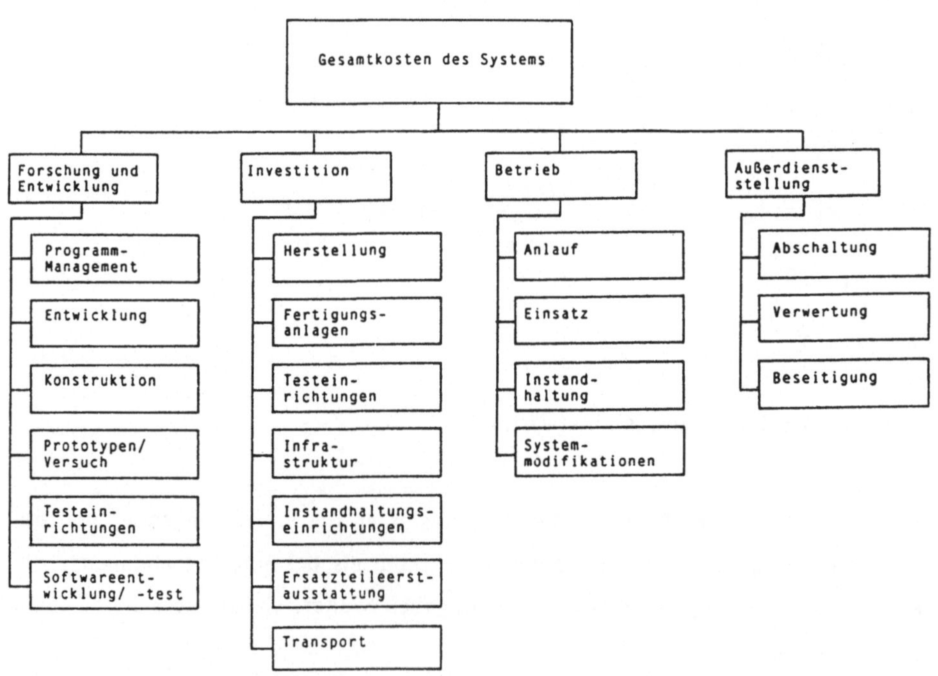

Abb. 21   Kostenstrukturplan

---

57 vgl. Blanchard 1981, S. 351
58 vgl. Blanchard 1974, S. 349ff., 1978, S. 191ff.; beispielhafte Rechnung vgl. Faubel 1985, S. 76ff.

Die Problematik der Bewertung sowie die der ständigen Aktualisierung soll nicht verschwiegen werden, gerade innovative Systemlösungen zeichnen sich durch hohe Unsicherheit, Singularität und keine zeitpunktorientierten Zahlungen,[59] aber durch eine frühzeitige Festlegung[60] der Kosten und Leistungen aus (vgl. Abb. 22).[61] Besonderes Augenmerk verdient die Außerdienststellungsphase, auch wenn sie für den Konstrukteur noch weit entfernt scheint. Neben einer sparsamen Ressourcennutzung in der Bau- und Betriebsphase kommt dem Recycling[62] von Teilen technischer Systeme sowie der umweltschonenden Verwertung nicht wiederaufbereitungsfähiger Teile[63] in Zukunft noch größere Bedeutung zu. Selbst Lasten, die aufgrund früherer Entscheidungen heute entstehen - man denke an die Stromerzeugung aus Kohle und die Tücken der Rauchgasentschwefelung -, müssen verursachungsgerecht dem schon in Betrieb befindlichen technischen System angelastet werden.

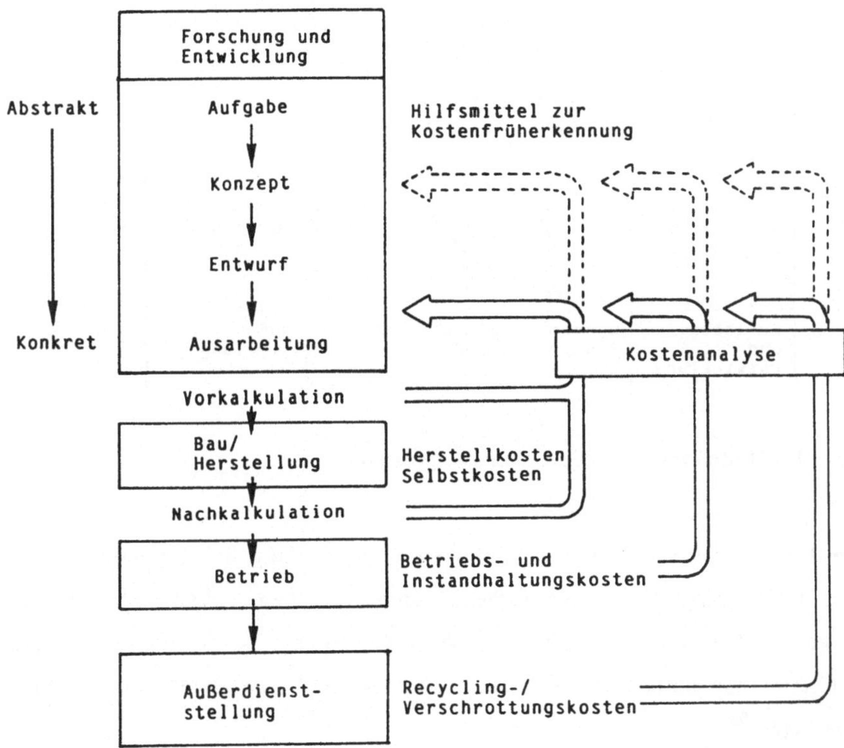

Abb. 22   Kostenfrüherkennung bei der Kostenanalyse

---

59 vgl. Brose 1982, S. 163f.
60 vgl. Ehrlenspiel 1985, S. 55ff.; Herzig 1975, S. 100ff.
61 Ehrlenspiel 1985, S. 56
62 vgl. Kreikebaum 1987, S. 181f.
63 vgl. Siebert 1978, S. 189

Die Abgabe der Systemleistung erfolgt praktisch nur während der Nutzungsphase. Auf die diffizile Bewertung von Leistung sei nur verwiesen, häufig begnügt man sich bei der Planung mit physikalischen Leistungsgrößen (z.B. Megawatt bei Kraftwerken) oder mit Nutzungszeiten bei gleichbleibender Leistung (z.B. Betriebsstunden). Der zugehörige Kostenaufwuchs wird demgegenüber schon in den frühen Phasen[64] des Lebenswegs determiniert (vgl. Abb. 23)[65].

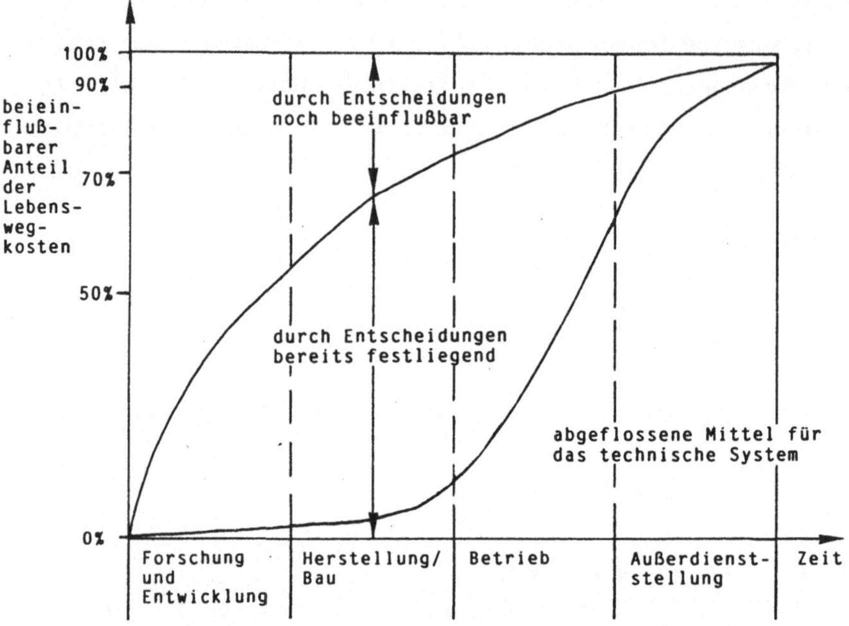

Abb. 23   Einflußnahme auf die Lebenswegkosten

Wichtige Fragen, die sich aus der möglichen Arbeitsteilung bei der Bewirtschaftung des Lebenswegs eines technischen Systems ergeben, sollen ebenfalls nur angemerkt werden: Fremdvergabe von Arbeitspaketen[66] sowie die Aufteilung zwischen dem Systemlieferer und dem Systemnutzer.[67] Letzteres umfaßt auch Qualitätsfragen.[68]

---

64 vgl. Abschnitt 4.2.4
65 vgl. Fischer 1985, S. 42
66 vgl. Rosenthaler 1985, S. 415ff.
67 vgl. pre - sales / after - sales - services, Weiber 1985, S. 6ff.
68 vgl. Hahner 1981, S. 9

4.2.3.2 Verfahren zur Kostenschätzung

Die Kostenschätzung für jede einzelne Kostenkategorie eines Arbeitspakets versucht, die erwarteten Kosten zu ermitteln. Im Einzelfall handelt es sich dabei um beträchtliche Summen.[69] Dabei gibt es drei unterschiedliche Wege, die häufig kombiniert werden, um die Ergebnisse der Schätzung zu überprüfen und sie so zu verbessern.[70]

Im ersten Fall sind die Kosten bekannt oder analytisch zu ermitteln. Durch eine Multiplikation bekannter Mengen mit Markt- oder Verrechnungspreisen werden die Kosten errechnet. Diese Vorgehensweise kann durch die Bildung von Durchschnittskosten aus anderen abgeschlossenen Projekten oder durch marginal-analytische Überlegungen erweitert werden.[71]

Im zweiten Fall spricht man von analoger oder parametrischer Kostenschätzung. Hier werden bekannte Parameter, im allgemeinen technische Parameter, die aber nur als Maß fungieren und nicht in einem kausalen Zusammenhang stehen, als Ausgangswert genommen und dann mit Durchschnittspreisen bewertet. Wichtig ist dabei, daß die Parameter eine validierte Bedeutung für den zu bewertenden Sachverhalt aufweisen; man denke bei Flugzeugen zum Beispiel an Gewicht oder Reichweite, bei anderen technischen Systemen an Instandhaltungskosten oder Personalstunden, die für eine bestimmte Aktivität erbracht werden. Die mathematische Form der Schätzgleichungen reicht dabei von Daumenregeln über Analogieüberlegungen mit Zuschlagsfaktoren bis zu erwiesenen statistischen Zusammenhängen, wie sie durch Regressionsanalysen bestätigt werden.[72] Bei dieser Vorgehensweise werden immer bekannte Daten mit neuen Sachverhalten kombiniert, um auf neue Sachverhalte zu schließen. Vom Prinzip gelten daher auch alle Aussagen und Einschränkungen der Prognostik.[73]

Die dritte Art der Kostenschätzung gründet sich auf Expertenurteile. Sie mag ihre eigenen Schwächen haben, aber vor allem bei der Beurteilung von neuen technischen Entwicklungen oder beim Vorliegen von anderen Diskontinuitäten stellt sie die einzige Form der Schätzung dar.

---

69 Eine U.S.-Flugzeugträger-Gruppe verursacht in 30 Jahren Lebensdauer ca. 130 Mrd U.S.$ (1984); vgl. Ravenal 1984, S. 12f.
70 vgl. Patzak 1982, S. 153ff.; Literaturübersicht bei Wildemann 1982, S. 6ff.
71 vgl. Bronner 1981, S. 165ff.; Ostwald 1974, S. 196ff.
72 vgl. Beck 1977; Dodson 1979, S. 2-1; Ortner 1979, S. 277ff.; Ascher 1983, S. 120ff.
73 vgl. Ostwald 1974, S. 42; Gupta 1983, S. 533ff.

Da aber diese Schätzungen auf der untersten Ebene des Kostenstrukturplans vorgenommen werden, ergeben sich bei Aggregration Ausgleichseffekte bei der Beurteilung größerer technischer Systeme, da Kostenunterschätzungen und Kostenüberschätzungen auf der Arbeitspaketebene bei der Zusammenfassung sich gegenseitig kompensieren können. Dies gilt sinngemäß auch für die Risikoaspekte, nachdem sie dort in die Planungsrechnung eingehen, wo sie real erfaßt werden.[74] Hinzu kommt die Möglichkeit, die frühzeitig angestellten Schätzungen durch eine leistungsfähige Überwachung zu überprüfen und sie bei festzulegenden Abweichungen zu aktualisieren.[75]

4.2.3.3 Kostenprofile

Wenn die Überlegungen zum Lebensweg des technischen Systems mit der Auflösung in Arbeitspakete und die Bewertung mit Kosten vorgenommen worden sind, kann als nächstes ein Kostenprofil (cost projection) entwickelt werden. Mit anderen Worten: Es wird nun eine zeitliche Strukturierung des Kostenanfalls vorgenommen.[76] Für die Darstellung des Kostenprofils sind zwei Möglichkeiten denkbar: Die zeitliche Struktur des Kostenanfalls in konstanten (Verrechnungs-) Preisen[77] und die zeitliche Struktur des Finanzierungsbedarfes in diskontierten (Verrechnungs-) Preisen.[78] Bei dieser Darstellung setzt die Investitionsrechnung mit ihren statischen und dynamischen Methoden an. Gleichzeitig wird daran deutlich, daß eine Investitionsrechnung nur auf Grundlage der lebenswegbezogenen Systemplanung zu verdichteten Aussagen kommen kann.[79]

Die angeführten Kostenprofile können insbesondere zur Auswahl zwischen unterschiedlichen Alternativen verwendet werden:

1. break even-Analyse[80]

2. Kennzahlenbildung[81]

Graphisch kann die Bildung von Kostenprofilen wie folgt (vgl. Abb. 24 und 25)[82] entwickelt werden:

---

74 vgl. Bea 1981, S. 349
75 vgl. bei der Software - Entwicklung Boehm 1981, S. 329ff.
76 vgl. Blanchard 1978, S. 42ff.
77 vgl. Hablitzel 1977, S. 170
78 vgl. Dodson 1979, S. 2-8; Kottsieper 1979, S. 214ff.; Neumann 1983, S. 527f.
79 vgl. Uetz 1986, S. 38ff.
80 vgl. Blanchard 1978, S. 59ff; Heuer 1985, S. 502ff.
81 vgl. Uetz 1986, S. 86ff.
82 Blanchard 1981, S. 73

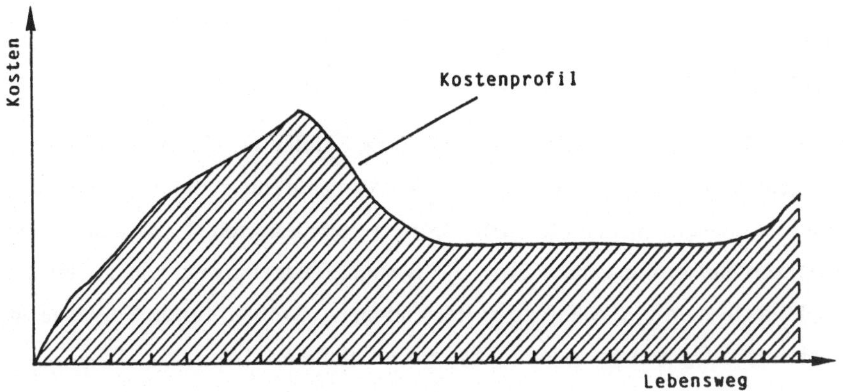

Abb. 24   Kostenprofil (Gesamtdarstellung)

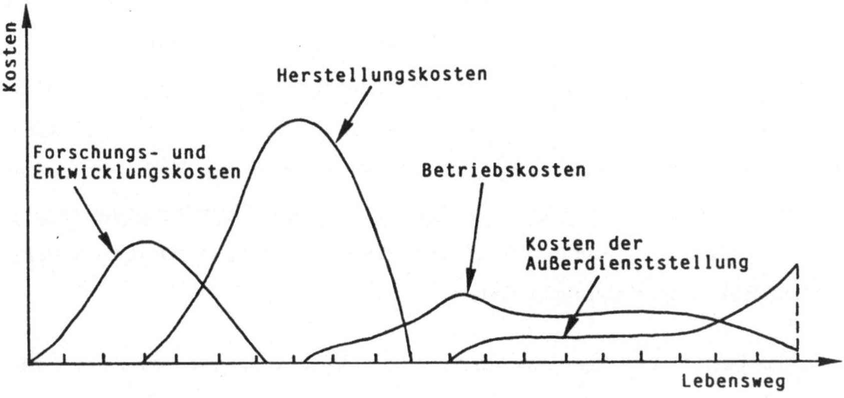

Abb. 25   Kostenprofil (Darstellung der einzelnen Phasen)

Damit werden Effekte wie die sogenannte 'Bugwelle' bei Budgetengpässen nachvollziehbar und können zu Steuerungszwecken verwendet werden.[83]

---

83 vgl. Fischer 1985, S. 42f.

4.2.4   Dimension 3: Der Lebensweg

4.2.4.1   Zeitbegriff

Der Begriff lebenswegorientierte Systemplanung beinhaltet ein Zeitverständnis, das im folgenden vor dem Hintergrund der Unterscheidung zwischen systemexogenen und systemendogenen Größen erörtert werden soll.[84] Systemexogene Größen wirken definitionsgemäß über die Systemgrenze hinweg von außen auf das betrachtete System ein, während systemendogene Größen durch Vorgänge im System hervorgerufen werden oder im System verbleiben.

Systemendogene Zeiten sind Prozeßzeiten (operational time), die durch Faktoren wie Technologie, Informationsverarbeitung und den Menschen bestimmt werden. Sie können daher - in Grenzen - variiert werden und sind als Variable der Planung und der Gestaltung zugänglich . Prozeßzeiten können demnach zweckorientiert untergliedert werden; Anfangs- und Endzeitpunkte sind dabei Ereignisse, die entweder beobachtbar oder im Rahmen einer Analyse definierbar sind. Hilfsmittel zur Darstellung sind zum Beispiel Strukturnetzpläne,[85] mit deren Hilfe beschrieben werden kann, welche Aktivitäten oder Teilprozesse parallel ablaufen (können) und welche Aktivitäten sequentiell ablaufen (müssen). Zielvorstellungen wie der tatsächliche zeitliche Verlauf in der Planung und Gestaltung des technischen Systems können in einem Prozeßzeitbudget ausgedrückt werden, welches die zeitlichen Rahmenbedingungen fixiert.

Außerhalb des betrachteten Systems wird im Sprachgebrauch der Begriff der Zeit in zwei verschiedenen Betrachtungsweisen verwendet: Prozeßzeiten im Umsystem und Kalenderzeit. Nachdem das betrachtete System Subsystem eines größeren Ganzen sein kann, gilt die obige Darstellung der Prozeßzeit auch für höhere Systemhierarchieebenen. In zeitlicher Hinsicht können Interdependenzen über die unterschiedlichen Hierarchieebenen hinweg bestehen.Die Kalenderzeit ist demgegenüber eine von der konkreten Systemumwelt unabhängige Ordnungsvorstellung, die im Sinne einer Ursache/Wirkungs-Beziehung nicht als exogene Variable angesprochen werden kann, obwohl sie außerhalb des betrachteten Systems angesiedelt ist.[86]

Während die Prozeßzeiten (sach-) logisch zu analysieren sind, stellt die Kalenderzeit einen Maßstab dar, der die Einordnung von Ereignissen erleichtert, die

---

84 vgl. Ihde 1980, S. 136ff.; vgl. auch Luhmann 1976, S. 130ff.
85 vgl. Sommer 1986, S. 70ff.
86 vgl. Kimberley 1980, S. 6f.

nicht in einem Ursache-Wirkungs-Zusammenhang stehen (müssen). Das in der Zeitreihenanalyse[87] übliche Vorgehen nimmt die Zeit nur deshalb als unabhängige Variable, weil Ursache-Wirkungs-Zusammenhänge (noch) nicht erkennbar sind, weshalb sie als 'naives' Analyseverfahren klassifiziert wird. Die kausalen Analyseverfahren setzen zumindest Vermutungen, meist aber gesicherte Erkenntnisse voraus.

Zur Verwischung des Unterschieds zwischen Prozeßzeit und Kalenderzeit mag beitragen, daß zu beobachtende Ereignisse in einem System Kalenderzeitpunkten zugeordnet werden können, also nicht ohne jeden Bezug zur Kalenderzeit ablaufen. Mit dieser Zuordnung wird aber keine Aussage über Ursache-Wirkungs-Beziehungen gemacht! Aus Vereinfachungsgründen werden zudem parallel ablaufende Prozesse über die Kalenderzeit gekoppelt, und es wird unter arbeitsökonomischen Gesichtspunkten die mögliche kausale Koppelung nicht geprüft und dadurch vernachlässigt.

4.2.4.2 Die Einteilung in Phasen

In einer logischen Abfolge von unterscheidbaren Phasen beginnt der Lebensweg eines technischen Systems mit der Identifikation eines Kunden- oder Konsumentenwunschs ("der Systemgeburt"), er endet mit der endgültigen Beseitigung aller Überreste ("dem Systemtod"). Die Einteilung der Phasen orientiert sich grundsätzlich an den zu erfüllenden Funktionen (vgl. Abb. 26).[88]

Lebensweg des technischen Systems	(zukünftiger) Nutzer	Identifikation der Bedürfnisse	Leistungsbeschreibung, Lastenheft
	Hersteller	Produktplanungsfunktion	Marktanalyse, Durchführbarkeitsuntersuchungen, Angebot
		Forschungsfunktion	Grundlagenforschung, angewandte Forschung
		Entwicklungsfunktion	Konzeption, Konstruktion, Prototypen
		Produktionsfunktion	Produktion, Qualitätssicherung, Test
	Nutzer	Betrieb	Einsatz, Instandhaltung, Modifikation
		Außerdienststellung	Verwertung, Ausschlachtung, Beseitigung

Abb. 26   Lebensweg eines Systems

---

87 vgl. z. B. Thomopoulos 1980, S. 2
88 vgl. Blanchard 1978, S. 7

Der Lebensweg des zu betrachtenden Systems wird üblicherweise in klar voneinander abgrenzbare Phasen eingeteilt, die durch Phasenübergänge gekennzeichnet
werden. Mindestens wird dabei zwischen den Phasen Forschung und Entwicklung
(research and development), Produktion, Betrieb (operation and support) und
Außerdienststellung (disposal) unterschieden, wobei manche Phasen noch stärker
untergliedert werden. So kann die Entwicklungsphase weiter in eine conceptual
development phase, eine validation phase und eine full-scale development phase
unterteilt werden;[89] häufig werden auch synonyme Ausdrücke verwendet: statt
Produktionsphase Bauphase oder Investitionsphase.[90] In der folgenden Abbildung
27 werden drei typische Gliederungen einander gegenüber gestellt:[91]

---

89 vgl. Seldon 1979, S. 9;
90 vgl. Wildemann 1982, S. 46f.
91 vgl. Seldon 1979, S. 10; Blanchard 1981, S. 21; Wildemann 1982, S. 39ff.

Autoren / Phasen	SELDON (1979)	BLANCHARD (1981)	WILDEMANN (1982)
Entwicklung	Research Exploratory Design Phase Advanced Design Phase Engineering Design Phase	Research & Design	Initiation Konzeption Design Konstruktion
Bau/Produktion	Low Rate Initial Production Full Scale Production	Production/Construction	Herstellung/Bau Test/Einführung
Betrieb	Operation & Support	Operation & Maintenance	Betrieb
Abbruch/ Verwertung	(?)	Retirement/Phase Out	Stillegung

Abb. 27   Phasengliederungen

Diese Darstellung verfolgt im wesentlichen das Ziel der terminologischen Klarheit; Phasengliederungen sind als Koordinationsinstrument ansonsten nicht neu und weit verbreitet.[92]

4.2.4.3 Das Informationsmodell

Ein technisches System kann durch physikalische Gesetzmäßigkeiten zumindest annähernd beschrieben werden. Diese Beschreibung kann hier und im wirtschaftlichen Sinne durch eine geeignete elektronische Datenverarbeitung unterstützt werden, die die Dokumentation der Beschreibung erleichtert. Im einfachsten Fall ist eine Zustandsänderung durch den Konstrukteur oder den Systemmanager fest vorgegeben, sonst kann über eine Steuerung ein Programm aus einer endlichen Menge von Programmen aufgerufen und der Prozeß nach mehreren Iterationen generiert werden. Das technische System ist ein geschlossenes System im Sinne unserer Definition.[93]

Führt man die lebenswegorientierte Betrachtungsweise ein, so ergibt sich eine weitere dispositive Ebene. Entwicklung, Bau, Betrieb und Außerdienststellung müssen in ihrer Unterschiedlichkeit erfaßt und gesteuert werden. Damit werden Entscheidungen notwendig, die einerseits mit dem technischen System zusammenhängen, da sie dies bewirtschaften helfen sollen, andererseits wird über die Relationen mit der Umwelt ein gewisser Grad von Offenheit eingeführt.

Der Phasenübergang von einer Lebenswegphase zu einer anderen heißt für die dispositive Ebene aber nicht, daß alle Informationen und Entscheidungen der abgelaufenen Phase unwichtig werden, im Gegenteil, sie müssen mit neuen Informationen und Entscheidungen kombiniert und aktualisiert werden (Entscheidungsketten). Man kann also von einem zu dem technischen System gehörigen Entscheidungsmodell im Verlauf des Lebenswegs sprechen, welches alle für die Disposition bedeutsamen Informationen handhabt. Das technische und das dazugehörige dispositive System sind miteinander vielfältig verknüpft. Diese Relationen sind später noch zu qualifizieren. Zunächst soll erörtert werden, wie die Gesamtheit dieser Relationen beschaffen ist.

---

92 vgl. Phasengliederungen in den Bereichen: Planung: Heinen 1976, S. 26; Systems Engineering: Haberfellner 1975, S. 64ff,.; Fischer 1983, S. 132ff., Daenzer 1982, S. 31ff.; Projektmanagement: Saynisch 1979, S. 37; Software-Entwicklung: Brown 1978, S. 48ff.
93 vgl. Abschnitt 2.3.2

Im Grundsatz wird durch das informationelle Konstrukt eines dispositiven Systems eine völlige Entkoppelung beider Systeme denkbar, welche unter Rückgriff auf die Informatik einen Wunsch eines jeden Ingenieurs verwirklichen hilft: Es werden (kostengünstige) Experimente mit dem isomorphen Informationsmodell möglich, die ohne Prüfstand und ohne Prototyp des technischen Systems auskommen. Notwendig ist dafür allerdings eine Modellierungsmethode, die eine hinreichend genaue und zugleich wirtschaftlich günstige Abbildung des Entwurfs und die Verknüpfung mit schon vorhandenen Daten erlaubt.

Bei den betrachteten hochwertigen technischen Systemen ist praktisch immer von einem einzigartigen Aggregat auszugehen, das entweder durch Einzelfertigung oder durch Fertigung in kleinen Losen mit einer eventuellen Anwendungsanpassung hergestellt wird. Spätestens bei den Anforderungen an die Leistungsfähigkeit und bei der tatsächlichen Inanspruchnahme während der Betriebsphase handelt es sich um ein individuelles technisches System.

4.3   Datenbasis als Planungsgrundlage

Nun sind Daten schon seit jeher notwendig, um zu planen. Aber durch die Entwicklung der Mikroelektronik und der elektronischen Datenverarbeitung können heute permanent und verzugslos Daten gesammelt werden. Durch Verfügbarkeit von billigeren, intelligenten Bauteilen können daher technische Daten nicht nur häufig erhoben werden, sondern beispielsweise zur Diagnose von Zuständen verwendet werden. Eine automatisierte Diagnose wandelt latente Information in evidente Information, die letztere steht dann zu Steuerungszwecken zur Verfügung.[94] Mit Hilfe der geschilderten Entwicklung wird es daher nicht nur möglich, sondern auch wirtschaftlich vertretbar, Daten bis zur Ebene eines einzelnen technischen Systems ständig in elektronischer Form vorzuhalten, kurz: die Datensammlung und -speicherung von disaggregierten, homogenen und über längere Zeiträume hinweg erhobenen Informationen stellt kein Problem mehr dar.[95]

Prinzipiell gilt die obige Darstellung für technische wie für ökonomische Daten; da einmal die Wirtschaftlichkeit von Anlagen der Datenverarbeitung unumstritten ist, und da zweitens die Verschmelzung der technischen und der ökonomischen Datenverarbeitung postuliert wird. Informationen aus der Anlagenbuchhaltung

---

94 vgl. Krupp 1983, S. 270
95 vgl. Nelson 1977, S. VII; vgl. auch Abschnitt 5.3

können ebenfalls problemlos elektronisch vorgehalten werden;[96] für die Steuerung der Instandhaltung können so zum Beispiel umfangreiche Kennzahlensysteme aufgebaut werden, die der Überwachung aller betrieblichen Prozesse sowie der Vorbereitung von Eingriffen durch die Unternehmensleitung dienen.[97]

Durch die gemeinsame Speicherung von technischen und ökonomischen Daten in einer Datenbank wird die Grundlage der Datenintegration geschaffen. Die Verarbeitung der Daten in einem EDV-Modell des technischen Systems bildet eine zweite Integrationsebene. Schließlich ermöglicht die dritte Integrationsebene die einheitliche Modellverwaltung durch ein gemeinsames Triggerkonzept[98] und eine gemeinsame Modellwartung.

4.4 Erweiterung zur lebenswegorientierten Systemplanung

Bei einer sytemtheoretisch gestützten Zerlegung eines Problems bestehen mehrere Gefahren. Zunächst kann eingewandt werden, die vorgeschlagene Vorgehensweise liefere kein richtiges Abbild der Entscheidungssituation, diese sei zu komplex, als daß sie im Modell abgebildet werden könnte. Es sei zugestanden, daß manche Situation auf den ersten Blick unübersichtlich oder gar verwirrend ausschaut. Dies ist aber nicht als Einwand gegen die Modellbildung an sich zu werten, sondern weist auf die weit verbreitete Übung hin, sich ein eigenes Bild der Entscheidungssituation zu machen, die implizit von einem Modell ausgeht. Die Entscheidungsregeln beinhalten in den meisten Fällen ein In-Beziehung-setzen mehrerer Variablen, ohne daß diese Beziehungen offengelegt werden. Gerade in unübersichtlichen Situationen kann der Einsatz eines formalen Modells für Klarheit sorgen, weil die einzelnen Abhängigkeiten bei der Modellbildung formuliert werden müssen. Der Prozeß der Modellbildung hilft Interdependenzen zu beschreiben, stochastische Einflüsse zu identifizieren und Freiheitsgrade der Planung sowie Reserven für die Planung aufzuzeigen. Die Abbildung der Realität kann von anderen überprüft werden und stellt daher keine Vorentscheidung dar.

Dennoch verlangt eine Modellkonstruktion natürlich die Beschränkung auf das Notwendige, da Informationssammlung, -verarbeitung und -aufbereitung Aufwand verursachen. Die Überprüfung, ob alle Variablen in dem Modell eingeschlossen sind, ist aber keine Frage der Modellphilosophie, sondern eine Frage

---

96 vgl. Uetz 1986, S. 38ff.
97 vgl. Biedermann 1985, S. 15ff.; Dreger 1986, S. 249ff.; Riebel 1987, S. 1162
98 vgl. Scheer 1984, S. 35ff., S. 188f.

an das gesamte Planungssystem. Die Sorgfalt bei der Modellkonstruktion und die daran anschließende Modellvalidierung kann nicht durch ein bestimmtes Modell besser oder schlechter erfüllt werden.

Die Kostenschätzverfahren stützen sich in vielen Fällen auf Vergangenheitsdaten, deren Gültigkeit für die Zukunft unterstellt wird. Allerdings stellt die Einbeziehung der Erfahrung einzelner agierender Personen ebenfalls den Rückgriff auf Vergangenheitsdaten dar, wenn auch durch Selektion oder durch die Verknüpfung mit anderen Daten die Vergangenheitsdaten interpretiert werden. Möglicherweise sind Einwände gegen ein solches Vorgehen berechtigt, wenn Diskontinuitäten in der technischen Entwicklung (z.B. Innovationen) auftreten. Andererseits wird auch in diesen Fällen eine Schätzung erwartet, die immer auf Vergangenheitsdaten beruhen muß; eine solide Basis für derartige Schätzungen setzt nur tiefer im Kostenstrukturplan ein, allerdings müssen die kausalen Zusammenhänge ihre Gültigkeit behalten.

Sinnvoller Einsatz von Planungsinstrumenten setzt voraus, daß es mehrere Lösungen zu einem Problem gibt. Die Beeinflussung von einem oder mehreren Parametern kann schnell zu großen Wirkungen für ein technisches System führen. Daher können für ein EDV-gestütztes Planungsmodell Ursache-Wirkungs-Zusammenhänge (Kausalität) modelliert werden,[99] um anschließend Zweck-Mittel-Beziehungen zu simulieren. Auf diese Weise können auch kompliziertere Entscheidungsketten auf ihre ökonomischen Konsequenzen hin untersucht werden.[100]

An dieser Stelle soll an die Kriterien erinnert werden, die an anderer Stelle aufgestellt wurden.[101] Mathematische Netze sind aus mehreren Gründen besonders geeignet. Zum einen erlauben sie eine hierarchisch gegliederte, modulare Modellstruktur, die mit formalen Operationen auf wünschenswerte Eigenschaften untersucht werden können. Lebendigkeit (liveness) und Sicherheit (safeness) von einem Netz erlauben Aussagen über die Zuverlässigkeit von Lösungen. Die prinzipielle Zeitfreiheit eines Netzes fördert die Modellierung von endogenen Zeiten.[102] Die mögliche schrittweise Entwicklung eines Modells trägt der schrittweisen Problemlösung Rechnung[103], so daß heuristische Lösungen verwirklicht werden können. Der modulare Aufbau erlaubt Verfeinerungen einzelner Modell-

---

99 vgl. Trier 1977, S. 73ff
100 vgl. Winand 1980, S. 1233
101 vgl. Abschnitt 3.1.2.3
102 vgl. Godbersen 1982, S. 23ff.; Johnson 1982, S. 77
103 vgl. eine verwandte Argumentation bei Sommer 1986, S. 82ff

komponenten, was durch die Berücksichtigung von kreativen Lösungsschritten die Integration von Lernerfolgen erlaubt und flexible Modellanpassungen an neùe Anforderungen erlaubt.

Schließlich sind Modelle, die auf Netzen basieren, relativ leicht mit modernen Simulationssprachen in ablauffähige Programme zu überführen. Dies trägt dazu bei, daß nicht für jeden Fall ein Modell entwickelt werden muß, sondern ein Modell für unterschiedliche Fragestellungen verwendet werden kann.[104] Bei Bedarf wird die Netzstruktur durch Detaillierung oder durch Abstraktion verändert. Durch die einheitliche Notation lassen sich auch schon bestehende Modelle zu größeren Modellen verknüpfen.

4.5 Der Nutzen des entwickelten Instrumentariums

4.5.1 Entscheidungsunterstützung

Alle bekannten prognostischen Instrumente versagen bei diskontinuierlichen Entwicklungen, die die der Prognose zugrunde liegenden Kausalitäten sprengen. In diesem Fall stellen einzelne oder verkettete Ereignisse die seitherige Prognose in Frage; für die Planung eines individuellen Systems besteht die einzige Möglichkeit in der Vorwegnahme einer solchen Diskontinuität durch ein Gedankenexperiment, das nach Möglichkeit auf das Instrument der Simulation zurückgreift. Dann kann der Entscheider Scenarien einzeln, aber systematisch durchspielen, indem er Annahmen über die zukünftige Entwicklung trifft und deren Auswirkungen durchdenkt. 'Kritische' Situationen können so zwar nicht vermieden werden, aber der Entscheider kann vorbereiteter handeln. Schon allein dadurch können Planrisiken besser beurteilt werden. Zusätzlich liefert aber die Verwirklichung von Triggern[105] auch die Möglichkeit, in Abhängigkeit von bestimmten situativen Faktoren, auf die das Modell reagiert, die Aufmerksamkeit des Systemmanagers auf die entscheidenden Punkte zu lenken. Über die Festlegung unterschiedlicher Verhaltensweisen in Abhängigkeit von bestimmten, vorher durchdachten Bedingungen wird so eine Eventualplanung (contingency plans) möglich. Häufig können so extreme Situationen überhaupt erst berechenbar gemacht werden, wenn zum Beispiel nur durch eine zerstörende Werkstoffprüfung fundierte Aussagen möglich sind. Das Problem der Irreversibilität wird durch ein 'schadensarmes Experiment' gemildert. Rückkoppelungen und Ver-

---

104 vgl. Bryan 1980, S. 2ff.
105 vgl. Abschnitt 6.3

schiebungen zwischen Arbeitsstrukturplan, Kostenstrukturplan und Terminplan werden so früher offenkundig, Veränderungen der Bewertung können berücksichtigt werden.

So gesehen liefert das diskutierte Instrument ein EDV-gestütztes Entscheidungsunterstützungsmodell mit "übersituativem Gestaltungsanspruch"[106] Die Grenzen für ein solches Modell liegen bei Eintreten einer nicht mehr vertretbaren Strukturanreicherung, bei der Datenbeschaffung für übergroße komplexe Systeme und bei den Beschränkungen durch die Größe der datenverarbeitenden Anlage.[107]

Zumindest hingewiesen sei hier auf eine noch junge Entwicklung, nämlich die Entwicklung von Expertensystemen. Da in den verschiedenen Phasen des Lebenswegs ein immer größeres Wissen für Entscheidungen im Rahmen einer durchgängigen Planung erforderlich ist,[108] wird nach Möglichkeiten der teilweisen Automatisierung von Entscheidungen gesucht. Prototypen werden derzeit getestet, sie unterstützen beispielsweise die Fertigung von kundenauftragsorientierten Unternehmen, indem Arbeitspläne individuell für einen Auftrag generiert werden[109]. Vorgeschaltet wird - ebenfalls in der Erprobung - ein die Spezifikation von Kundenwünschen unterstützender Konfigurator, der aus der Variantenvielfalt des Produktionsprogramms die am besten geeignete Ausgangslösung bestimmt.110 Konstruktionsprozesse des Ingenieurs und Kostenbeeinflussung können so enger gekoppelt, lebenswegorientierte Betrachtungen gezielt angestellt werden.

4.5.2 Arbeitsteilung und Dokumentation

Sowohl bei der Entscheidungsvorbereitung wie bei der Durchführung von einzelnen Maßnahmen ist eine personenungebundene Koordination wichtig. Daher kommt bei technischen Systemen dem Konfigurationsmanagement wachsende Bedeutung zu, um die verschiedensten Einflüsse zu verfolgen.[111]

Bekanntestes Beispiel dürften die Änderungswünsche zu fortgeschrittenen Zeitpunkten in einzelnen Phasen des Lebenswegs sein, die sich zu anfangs unvorgesehenen kostensteigernden Faktoren (cost drivers) auswachsen.[112] Man versucht

---

106 vgl. Bretzke 1980, S. 10
107 vgl. Bretzke 1980, S. 235ff.
108 vgl. Krallmann 1986, S. 115ff.
109 vgl. Krallmann 1986, S. 126ff.
110 vgl. Krallmann 1986, S. 129f.
111 vgl. die Darstellung bei Saynisch 1984, S. 70f.; Maier 1986, S. 515ff.
112 vgl. Seldon 1979, S. 197ff

solche Effekte durch entsprechende Vertragsgestaltung einzugrenzen.[113] Die Verträge und Folgen aus der Produkthaftung[114] führen zu erhöhten Anforderungen an die Dokumentation über ein technisches System. Allerdings wird die Dokumentation inzwischen auch als Vertriebsargument verwendet: Neben Hardware, Software und Ausbildung gewinnt die Dokumentation die Bedeutung eines essentiellen Bestandteils des technischen Systems.[115] Elektronisch gespeicherte Informationen sind häufig der einzige, gangbare Ausweg.

113 vgl. Knight 1976; Wilson 1975, S. 81ff.
114 vgl. im einzelnen Hettich 1986, S. 143ff
115 vgl. Hofmeister 1987, S. 8ff.

5 Fallstudie TURBO

5.1 Grundgedanke der Fallstudie

Mit der Fallstudie TURBO soll nachgewiesen werden, daß der in der Studie bisher vorbereitete Weg gangbar ist. Der Grundgedanke besteht in der Ergänzung des technischen Systems durch ein EDV-gestütztes Simulationsmodell, welches erlaubt, während des Lebensweges 'what-if'-Abfragen mit Hilfe des EDV-Modells zu beantworten.[1]

Zur Modellierung eines technischen Systems bietet sich dabei ein Netzkonzept an, welches insbesondere die folgenden Eigenschaften aufweist:[2]

- Änderung des Detaillierungsgrades möglich

- Auswertung lokaler Änderungen (net change principle) verwirklicht

- Integrationsmöglichkeit

Daher scheint BORIS als prinzipiell geeignet; die Idee ist dabei die folgende: Bei der Auftragserteilung für ein technisches System wird das EDV-Modell initialisiert und begleitet so von der 'Geburt' an den Lebensweg des Systems bis zur Außerdienststellung, dem 'Tode'. Damit wird zum einen während der Lebensphasen die Überwachung des technischen Systems vereinfacht, gleichzeitig der Lebensweg dokumentiert, zum anderen werden Experimente mit dem EDV-Modell für eine frei zu wählende Phase möglich.

5.2 Auswahl einer Ein-Wellen-Gasturbine

Als Beispiel eines technischen Systems wird in dieser Fallstudie eine einfache Gasturbine dienen, die bei Energieversorgungsunternehmen zur Erzeugung von Elektrizität in Spitzenzeiten eingesetzt wird. Zur Eignung können zwei Gründe angeführt werden:

Erstens ist die Erstellung der Wellenleistung (kinetische Energie) aus Brennstoff (thermische Energie) ein anspruchsvoller Prozeß, was durch die Komplexität einer solchen Turbine und - damit verbunden - durch die Höhe des Investitions-

---

1 beispielhafte Fragestellungen vgl. Abschnitt 5.4.1
2 vgl. hierzu auch Reisig 1986, S. 86

volumens unterstrichen wird. Damit erscheinen Anstrengungen zur Erhöhung des Dispositionsspielraumes lohnend sowie im Einzelfall nach Prüfung als rentabel, zumal nach Schätzungen bis zur Indienststellung (am Ende des Baus) nur 15 bis 30%, während des Betriebs und der Außerdienststellung der Turbine dagegen bis zu 70% der Gesamtlebenskosten anfallen, 70% der Gesamtlebenskosten aber schon vor der Indienststellung festgelegt ('hineinkonstruiert') worden sind. In Abbildung 28 werden einige Kostenschätzungen referiert:[3]

Technische Systeme \ Phasen	Entwicklung	Beschaffung	Nutzung	
Kampfpanzer	1,2%	23,8%	75%	(Thompson)
Elektronische Systeme	1	5	10	(Flume)
Elektronische Systeme	15%		85%	(McCoy)
Komplexe Systeme	1	3	6	(Heuer)

Abb. 28   Kostenschätzungen für einzelne Phasen

Zweitens erbringt eine solche Turbine während ihres Einsatzes zu Zeiten der Spitzennachfrage eine Wellenleistung (Nennleistung), die vereinfachend als annähernd konstant während ihrer Einsatzzeit beschrieben werden kann. Damit kann die Leistungsvariation ohne Beschränkung der Allgemeinheit einfach modelliert werden.

5.3   Beschreibung des technischen Systems

Zum besseren Verständnis wird zunächst der Grundaufbau einer offenen Einwellen-Gasturbine erläutert, bevor dann technische Eigenschaften eines solchen Aggregats beschrieben werden.

Prinzipiell ist eine Gasturbine ein Energiewandler, der die zugeführte chemische Energie des Brennstoffs in einer Brennkammer in thermische Energie umsetzt, die wiederum in der Turbostufe in kinetische (Rotations-) Energie verwandelt

---

3 vgl. Thompson 1982, S. 14ff.; Flume 1983, S. 80; McCoy 1984, S. 124; Heuer 1985, S. 502ff.

wird. Diese kann dann zur Stromerzeugung genutzt werden, indem ein Generator an die Welle angekuppelt wird.[4] Abbildung 29 zeigt eine Prinzipdarstellung, bei der der Verdichter durch die Zustände 1 und 2, die Brennkammer durch die Zustände 2 und 3 sowie die Turbostufe durch die Zustände 3 und 4 charakterisiert werden.

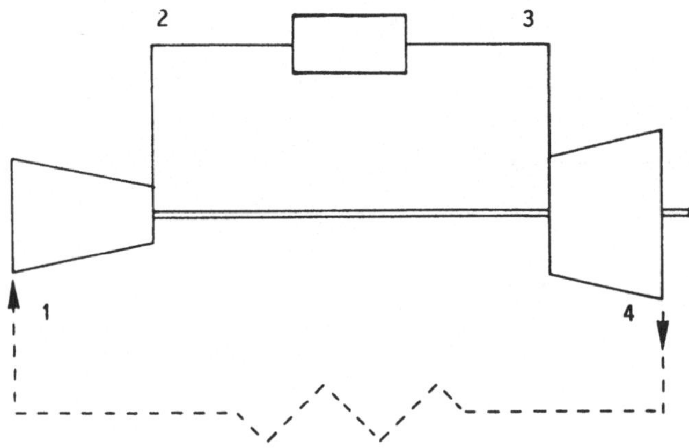

Abb. 29 Gasturbine (Prinzipdarstellung)

Idealisiert betrachtet, strömt bei einer Turbine[5] Umgebungsluft durch die Verdichterstufe, wo sie verdichtet wird. Der bereits verdichteten Luft wird in der Brennkammer Energie in Form des Brennstoffs zugeführt; die Verbrennungsgase treiben in der Turbostufe dann die Welle an. Abstrakter kann die Gasturbine als thermodynamischer Prozeß beschrieben werden, bei dem die Umgebungsbedingungen vor dem Verdichter als Zustand 1 bezeichnet werden. Am Ausgang des Verdichters, vor der Brennkammer also, herrscht der Zustand 2. Nach der Energiezufuhr durch Verbrennung können die thermodynamischen Bedingungen mit dem Zustand 3 charakterisiert werden. Die Bedingungen nach der Energieabgabe in der Turbostufe werden mit Zustand 4 beschrieben. Die thermodynamischen Zusammenhänge können mit Hilfe von Brayton-Diagrammen[6] dargestellt werden (vgl. Abb. 30).

---

4 Gasturbinen ähnlicher Bauart kommen bei Verdichterstationen auf Offshore-Plattformen oder in Pumpstationen entlang von Gaspipelines zum Einsatz.
5 zur Technik vgl. z.B. Traupel 1977 Bd. 1; 1982 Bd. 2
6 vgl. Boyce 1982, S. 27

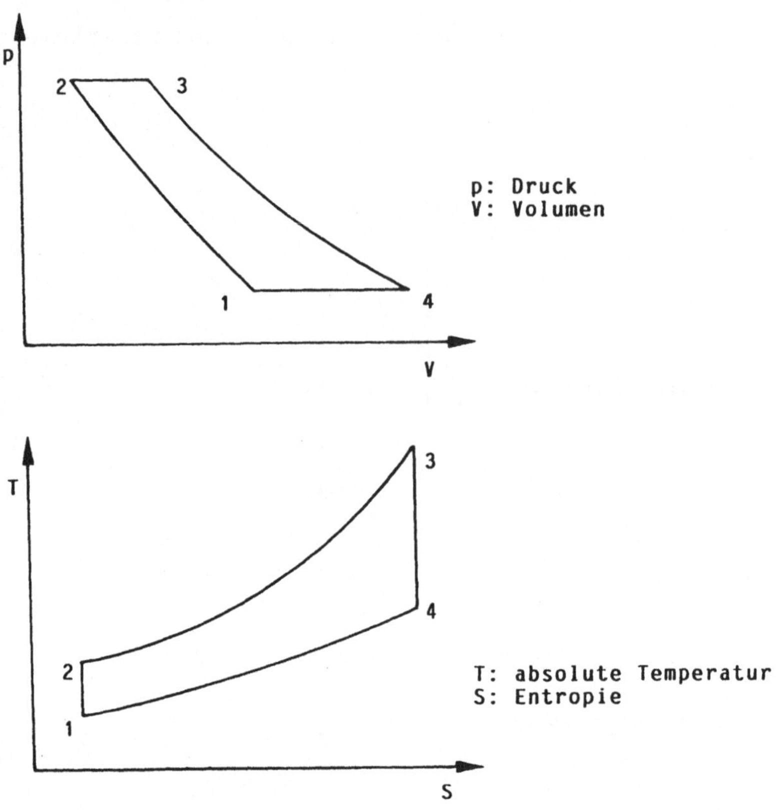

Abb. 30   Brayton-Diagramme

Die technischen Grundlagen können hier nur angerissen werden, wesentlich für die Bewirtschaftung dieser Turbine ist, daß große Temperaturunterschiede, mechanisch hochbelastete Teile und als Folge davon anspruchsvolle Werkstoffe auftreten. Als Folge ergeben sich betriebswirtschaftlich entscheidende Sachverhalte: Eine Turbine hat aufgrund der verwendeten Technologien einen hohen Anschaffungspreis, zusätzlich entstehen durch die physikalischen Bedingungen ihres Betriebs beträchtliche Betriebskosten, die durch den betriebsbedingten Verschleiß hohe Instandhaltungsaufwendungen einschließen.

Daher sollen hier noch die Instrumentierung der Turbine sowie die Auswertung der gewonnenen Meßdaten angesprochen werden. Die thermodynamischen und mechanischen Zustände der Gasturbine können durch geeignete Sensoren gemessen werden, die Daten werden - vereinfacht ausgedrückt - an eine Meßwarte gemeldet, wo der Bediener die Entscheidungen zur Bewirtschaftung der Turbine trifft. Vom Konzept einer automatischen Meßwerterfassung und -verarbeitung her ist der Signalweg wie folgt: Prozeß - Sensor - Filter - Überwachungsmodell.[7]

Die wünschenswerte Instrumentierung an einer Turbine ist beispielhaft aus den folgenden beiden Übersichten zu erkennen (Abb. 31 und 32):[8]

---

7 vgl. Collacott 1977, S. 323ff.
8 vgl. Allianz 1984, S. 349ff., insbes. S. 373

| | Eingang | | Ausgänge | | | |
Sensorname	Parameter	Anzahl Schwellwert im Filter	Alarm	Abschalten	Startabbruch und Verriegelung	Maßnahme
Laufruhe 1	Amplitude	Zwei (Maximalwert)	x	x		Inspektion
Laufruhe 2	Amplitude	Zwei (Maximalwert)	x	x		Inspektion
Axiallage Welle 1	Amplitude	Zwei (Maximalwert)	x	x		Inspektion
Axiallage Welle 2	Amplitude	Zwei (Maximalwert)	x	x		Inspektion
Pumpstoß 1	Druck	Eins (Maximalwert)	x	x		Inspektion
Pumpstoß 2	Druck	Eins (Minimalwert)	x	x		Inspektion
Luftstrom	Volumen	Eins (Minimum)			x	Inspektion
Drehzahl 1	Umdrehung	Zwei (Maximalwert)	x	x		Inspektion
Drehzahl 2	Umdrehung	Zwei (Maximalwert)	x	x		Inspektion
Kühlluft	Volumen	Zwei (Minimalwert)	x	x		Inspektion
Gastemperatur	Temperatur	Zwei (Maximalwert)	x	x		
Flammenwächter	?	Eins	x	x	x	Brennstoffzufuhr stoppen
Verdichter-enddruck	Druck	Eins (Maximalwert)	x			Reinigung
Brennstoff-druck	Druck	Eins (Minimalwert)	x		x	Inspektion
Enddruck (?)	Druck	Eins (Maximalwert)	x		x	Inspektion
Verdichter-eintritts-druck	Druck	Zwei (Differenz)	x	x		Inspektion
Verdichter-eintritts-temperatur	Temperatur	Zwei (Maximalwert)	x	x		Inspektion
Schmiermittel-druck	Druck	Zwei (Minimalwert)	x	x	(x)	Inspektion Hilfspumpe einschalten
Schmiermittel-temperatur	Temperatur	Eins (Minimalwert)			x	Aufwärmen
Lagerklotz 1	Temperatur	Zwei (Maximalwert)	x	x		Inspektion
Lagerklotz 2	Temperatur	Zwei (Maximalwert)	x	x		Inspektion
Radiallager	Temperatur	Zwei (Maximalwert)	x	x		Inspektion
Leitschaufel-verstellung	Grad	?	x		x	Inspektion

Abb. 31   Instrumentierung technischer Parameter

Wirtschaft

Sensor Datenbank- adresse	Eingang		Ausgänge			Maßnahme
	Parameter	Anzahl Schwellwert im Filter	Alarm	Abschalten	Startabbruch und Verriegelung	
Laufruhe 1	Amplitude	Eins (Campbell)	x			Lagerwechsel
Laufruhe 2	Amplitude	Eins (Campbell)	x			Lagerwechsel
Axiallager 1	Amplitude	Eins (Campbell)	x			Lagerwechsel
Axiallager 2	Amplitude	Eins (Campbell)	x			Lagerwechsel
1 Drehzahl 1	Umdrehung	Zwei (Wirkungsgrad)	x	x	x	Inspektion
1 Drehzahl 2	Umdrehung	Zwei (Wirkungsgrad)	x	x	x	Inspektion
2 Gastemperatur	Temperatur	Zwei (Brayton)	x	x	x	Inspektion
2 Verdichter- enddruck	Druck	Zwei (Brayton)	x	x	x	Inspektion
1 Brennstoff- druck	Druck	Zwei (Wirkungsgrad)	x	x	x	Inspektion
2 Enddruck	Druck	Zwei (Brayton)	x	x	x	Inspektion
2 Verdichter- eintritts- druck	Druck	Zwei (Brayton)	x	x	x	Inspektion
2 Verdichter- eintritts- temperatur	Temperatur	Zwei (Brayton)	x	x	x	Inspektion
Summe Betriebsstunden	Stunden	Zwei (Abnutzungs- vorrat)	x		x	Wartung
Summe Startvorgänge	Anzahl	Zwei (Abnutzungs- vorrat)	x		x	Wartung
Ölanalyse	Gewicht	Eins (Ölanalyse)	x	x	x	Inspektion

Abb. 32   Instrumentierung wirtschaftlich bedeutsamer Parameter

Die Informationsverarbeitung unter Einschluß der über die Sensorik gemessenen technischen Daten zeigt die folgende Abbildung 33:[9]

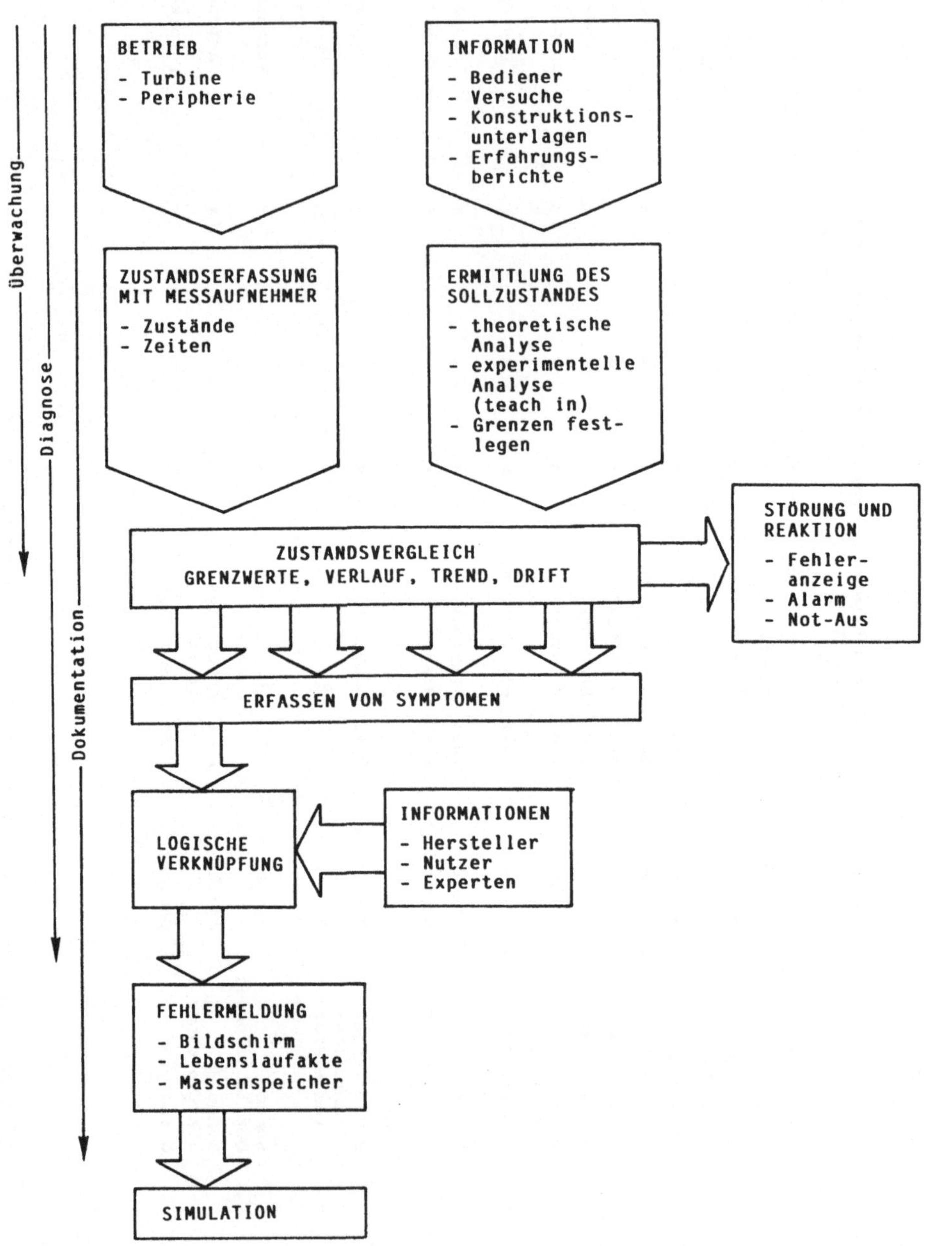

Abb. 33   Automatische Meßwertverarbeitung TURBO

---

9 vgl. Brandt 1982, S. 353ff.

Da aber, wie ausgeführt, in dieser Fallstudie nur das elektronische Modell der Turbine ohne sein reales Gegenstück aufgebaut wird (andernfalls benötigte man zusätzlich zu unseren Überlegungen eine reale Turbine auf einem Prüfstand), müssen die Meßwerte ebenfalls simuliert werden. In den einzelnen modellierten technischen Subkomponenten werden daher durch geeignete Funktionen Meßwerte generiert, deren Werte anstelle der am realen Aggregat gemessenen Werte verarbeitet werden. Bei einem realen Einsatz des Simulationsmodells träten hier aufbereitete Meßwerte oder gespeicherte Szenarien an deren Stelle. Die so in den technischen Subkomponenten generierten erwarteten Verschleißverläufe sind der Ausdruck der Erwartungen, die der konstruierende Ingenieur als Lebensdauer für das entsprechende Teil 'hineinkonstruiert' hat. Eine Veränderung dieser Funktionen an einem realen Aggregat ist nur durch einen Umbau möglich.

Der Lebensweg des betrachteten technischen Systems wird in vier Phasen eingeteilt (vgl. Abb. 34):

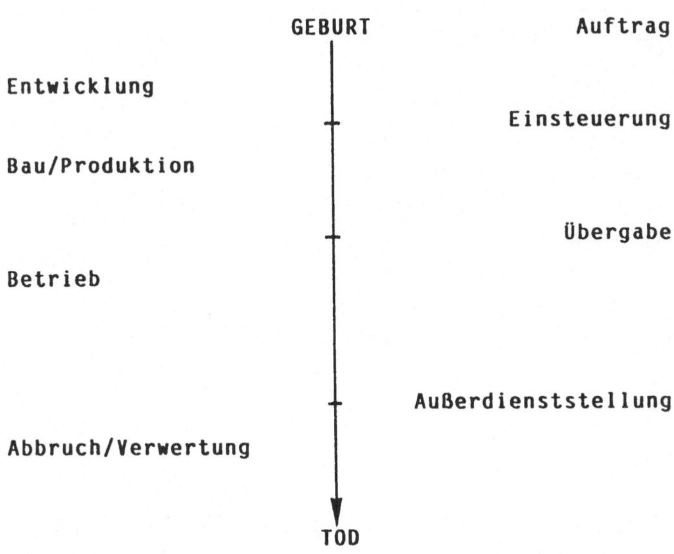

Abb. 34   Lebensphasen

Somit ergibt sich für diese Gasturbine aus folgender Rechnung der Zeithorizont von ca. 10^8 min. (vgl. Abb. 35):

```
PHASE                    DAUER

Entwicklung              3 Jahre

Bau                      1 Jahr

Betrieb                 20 Jahre

Abbruch                  1 Jahr
_______________________________________

Summe               ca. 25 Jahre
```

$$25 \times 365 \times 24 \times 60 \text{ min} = \text{ca. } 10^8 \text{ min}$$

Abb. 35   Zeithorizont

Diesen Umfang bewältigt BORIS 'bequem'. Die Prozeßzeiten liegen innerhalb des Zeithorizonts bei den folgenden Größenordnungen (vgl. Abb. 36):

```
_______________________________________________________

Aktivität                        Typische Größenordnung
_______________________________________________________

Aktualität der Sensorinformation    Minuten
Leistungsabgabe                     Stunden
Ölalterung                          Wochen
Wartung                             Monate
Abrieb                              Monate
Lagerwechsel                        Jahre
Instandsetzung (allgemein)          Jahre
Generalüberholung                   Jahre
Wirtschaftliche Nutzung             Jahrzehnte
Investitionsplanung                 Jahrzehnte
```

Abb. 36   Zeitliche Größenordnungen

Die unterschiedlichen Maßnahmen der Wartung und Instandhaltung führen zu gewissen Mindeststilliegezeiten, während deren Verlauf die Arbeiten an der Turbine durchgeführt werden.

5.4   Das Simulationsmodell

5.4.1   Zielvorgaben für das Modell

Das Modell soll in zwei Modi arbeiten können:

1. Überwachungsmodus (entartete Simulation)

Technische Betriebszustände, die von geeigneten Sensoren erfaßt werden, sollen in Echtzeit ausgewertet werden, um so eine Instandhaltung nach Bedarf (on condition maintenance)[10] zu ermöglichen. Dieser Modus zeigt den aktuellen Zustand des technischen Systems, verknüpft mit einer Standardprognose,[11] wann ein kritischer Wert an welcher Komponente zu erwarten ist. Je nach Festlegung der Zyklen für die Erfassung der Meßwerte wird im Modell von einem minutenaktuellen Zustand ausgegangen. Dadurch soll es keine Zeitverzögerung zwischen dem Eintreten gefährlicher Entwicklungen und der Alarmierung des Betreibers geben. Eine Abschaltung (Not-Aus) der gesamten Turbine wird im Notfall automatisch vorgenommen, um jeglichen Zerstörungen in der Turbine zuvorzukommen.[12]

2. Planungsmodus (eigentliche Simulation)

Prinzipiell sollen im Planungsmodus Fragestellungen, die bespielhaft nachfolgend beschrieben werden, durch das Modell beantwortet werden, um die Entscheidungsvorbereitung zu verbessern, indem Entscheidungsketten simuliert werden. Abhängig von der gerade aktuellen Phase ändern sich die 'typischen' Fragestellungen an das Modell.[13]

So könnte während der Phase **Entwicklung** eine Antwort nach der Vorteilhaftigkeit eines stabileren Lagers mit längerer Lebensdauer gestellt werden. Dazu ist eine Abschätzung der Zuverlässigkeit des in Frage kommenden Lagers durch Simulation unter Last erforderlich. Ähnlich ist auch die Bestimmung des Schmiermittels denkbar. Dabei könnten, je nach Modellauslegung, sowohl Verschleißausfälle wie auch Zufallsausfälle in den einzelnen Simulationslauf eingebaut werden.[14]

---

10 vgl. Takacs 1971, S. 209
11 zu Grundlagen z.B. Michlin 1982, S. 15ff., S. 149ff.
12 vgl. Leidig 1985, S. 404ff.
13 vgl. hierzu auch Mrva 1986, S. 72ff.
14 vgl. Corder 1976, S. 124ff.; Schulz 1978, S. 18ff.

Während der Phase **Bau** könnten vom Betreiber nachträglich gewünschte konstruktive Änderungen analysiert und nach Vereinbarung noch berücksichtigt werden.

Während der Phase **Betrieb**, dem Schwerpunkt der Bewirtschaftung mit Hilfe eines EDV-Modells, sind verschiedene Fragen zu beantworten:

So ist von Interesse, wann der nächste 'kritische' Punkt zu erwarten ist, der zu einem Alarmzustand oder einem Abschalten der Turbine führt, weil ein extremer Schwellwert erreicht wird. Bei der Bewirtschaftung sind durch solche Überlegungen Fragen der Verschiebung von Maßnahmen der Wartung oder der geplanten Instandhaltung notwendig. In Abhängigkeit von Kosten und Turbinenalter sind verschiedene Instandhaltungsstrategien zu prüfen.[15] Das Modell hilft beim Durchdenken der verschiedenen Strategien und Termine. Bei der Koppelung des Mengengerüsts der Wartungs- und Instandhaltungsaktivitäten mit einem Wertgerüst, das zum Beispiel aus einer Datenbank zur Verfügung gestellt werden könnte, sind so Vorteilhaftigkeitsvergleiche für hypothetische Aktivitätsbündel vor der Einleitung von Instandhaltungsmaßnahmen möglich. So kann das wirtschaftlich sinnvollste Mischungsverhältnis zwischen präventiven und störungsbedingten Instandhaltungsmaßnahmen untersucht werden. Die permanente elektronische Inspektion (Überwachungsmodus) erleichtert den Einsatz von sequentiellen Instandhaltungsstrategien (vgl. Abb. 37[16]), die auf die tatsächliche Inanspruchnahme der Turbine abstellen und eine zielgerichtete, rechtzeitig terminierte Erneuerung von Teilen ermöglichen.

---

15 vgl. Rinne 1973, S. B14ff.; Strauss 1982, S. 44ff.; Lewandowski 1985, S. 93; Herzig 1975 S. 33f.
16 Rinne 1973, S. B14

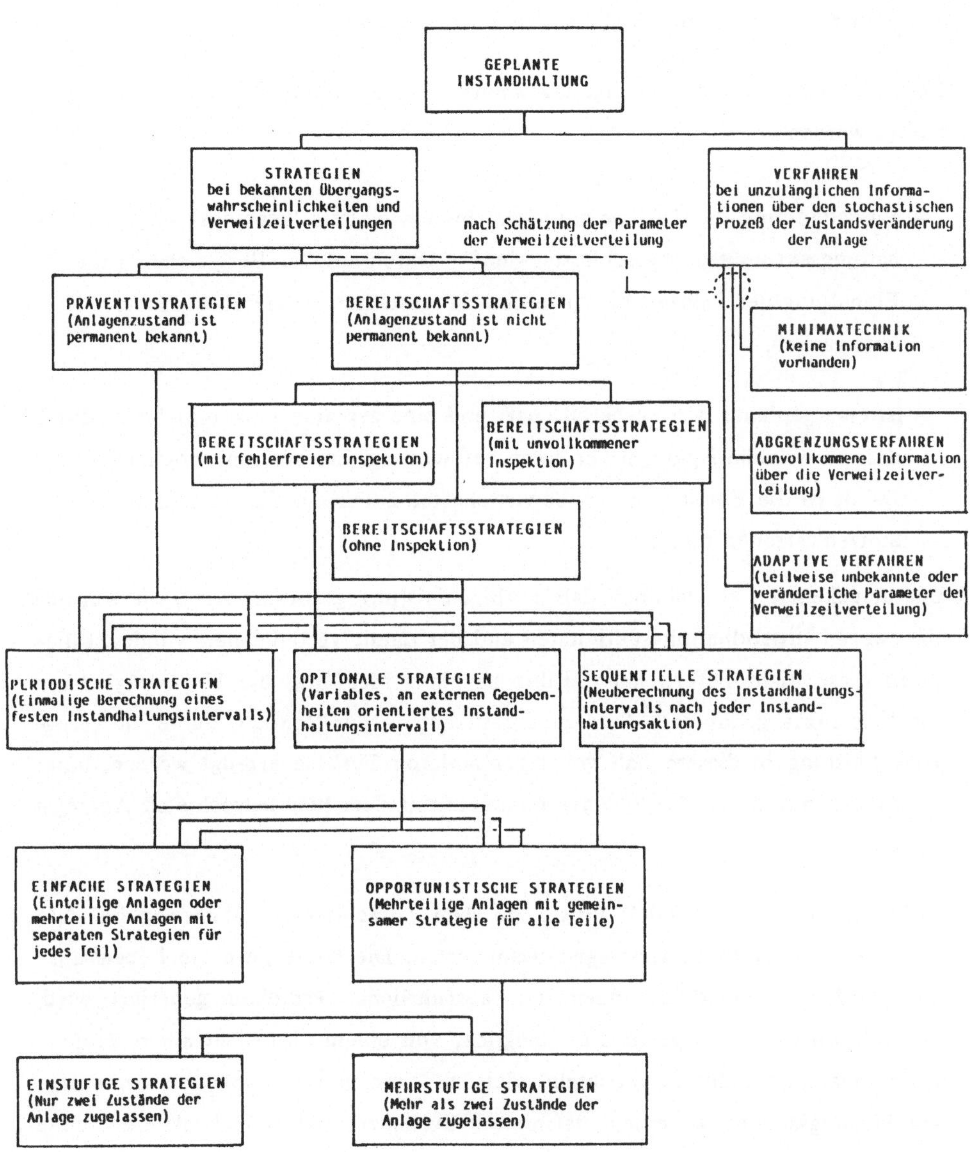

Abb. 37   Übersicht über Instandhaltungsstrategien

Des weiteren sind während der Phase **Betrieb** an einem simulierten Zeitpunkt Antworten auf die Frage möglich, wann die nächsten 'kritischen' Ereignisse und welche kritischen Ereignisse innerhalb eines vorzugebenden Zeithorizonts erwartet werden. So können Vorschläge für einzuleitende Aktivitäten generiert und im weiteren Konsolidierungsmöglichkeiten erschlossen werden.[17]

Im Sinne der Unternehmensplanung können Anfragen der folgenden Art beantwortet werden:

- Wie lange muß die Turbine stilliegen, bis eingeleitete Wartungs- und Instandhaltungsaktivitäten abgeschlossen sind? - Durch Soll/Ist-Vergleiche ist die Einhaltung der Planzeit bis zur erneut hergestellten Betriebsbereitschaft zu überwachen.

- Ist eine geplante Betriebsbereitschaft und eine geplante Leistungsabgabe durch das individuelle Aggregat für einen betrachteten Zeithorizont möglich? - Damit ist die Einplanung der bewirtschafteten Turbine für bestimmte Spitzenlastzeiten möglich.

Der umgekehrte Fall, nämlich daß Turbinenleistung gefordert wird, die Turbine aber wegen Instandhaltungsaktivitäten und der damit verbundenen Mindeststilliegezeit diese nicht liefern kann, führt zu einer Meldung, die Unverträglichkeit von Leistungsangebot und -forderung feststellt. In der Realität müßte die geforderte Leistung in diesem Fall von einer anderen Turbine erzeugt werden, unter Umständen nur durch das Stromverbundnetz mit dem hier betrachteten Aggregat verbunden.

Schließlich kann das Modell Fragen zu dem tatsächlichen Lebensweg bis dato sowie zu simulierten Lebenswegen beantworten. Die heute geführte Lebenslaufakte wird so unterstützt, indem ein ausführliches Protokoll generiert wird. Dadurch wird es, falls gewünscht, möglich, von einem aktuell erfaßten Zustand in den Planungsmodus zu wechseln oder im Rahmen einer späteren Auswerteund Planungssitzung zu einem definierten Systemzustand zurückzukehren, ohne das Simulationsmodell von Anfang an neu zu starten.

Der Schwerpunkt liegt in dieser Fallstudie auf der zeitlichen Koordination von Instandhaltungsmaßnahmen; deren Simulation soll Gestaltungsspielräume bei der Bewirtschaftung erschließen, indem Prozeßzeiten analysiert werden. Durch sinnvolle Zusammenfassung von Instandhaltungsmaßnahmen, die rechtzeitig eingelei-

---

17 vgl. Krüger 1982, S. 8f.; Wassermann 1980, S. 5

tet werden, kann die Spannung zwischen möglicher Verfügbarkeit und hohem Instandhaltungsaufwand beurteilt und so ein günstiger Kompromiß vorbereitet werden.

5.4.2 Modellbeschreibung

Bei der folgenden Gliederung der Gasturbine in Instanzen wird nicht eine vollständige Beschreibung der Turbine in BORIS 2.0 angestrebt, sondern auf wesentliche Komponenten abgestellt. Homomorphie meint eine eindeutige, erschöpfende und strukturerhaltende Abbildung der Realität.[18]

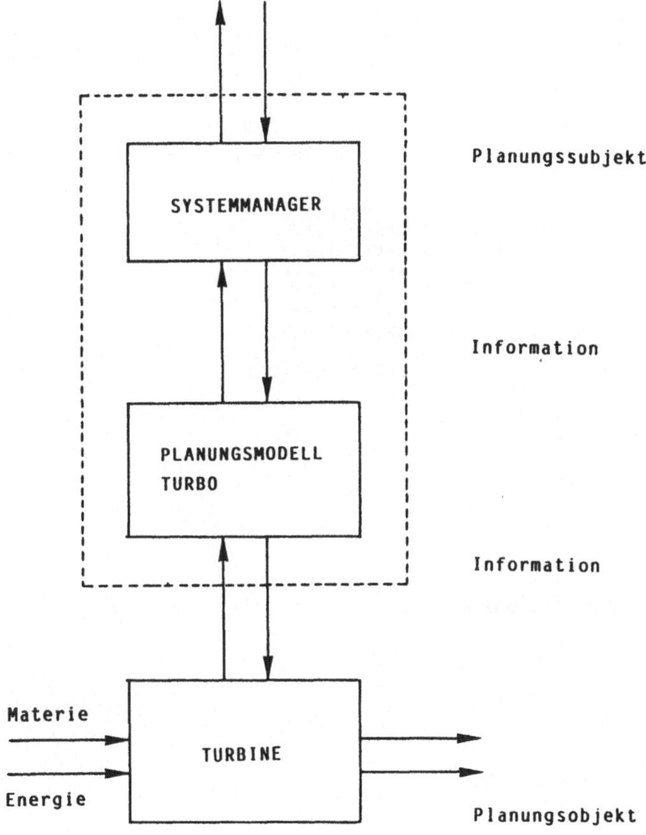

Abb. 38   Wirksystem TURBO

---

18 vgl. Witte 1973, S. 13; vgl. auch Patzak 1982, S. 309f.

Die Variierung des Detaillierungsgrades erlaubt aber eine wunschgemäße Verfeinerung oder Vergröberung. Die Auswahl der modellierten Instanzen (vgl. Abb. 39) soll außerdem die Vielseitigkeit der Modellierungsmethode exemplarisch demonstrieren (Farbigkeit des Modells).

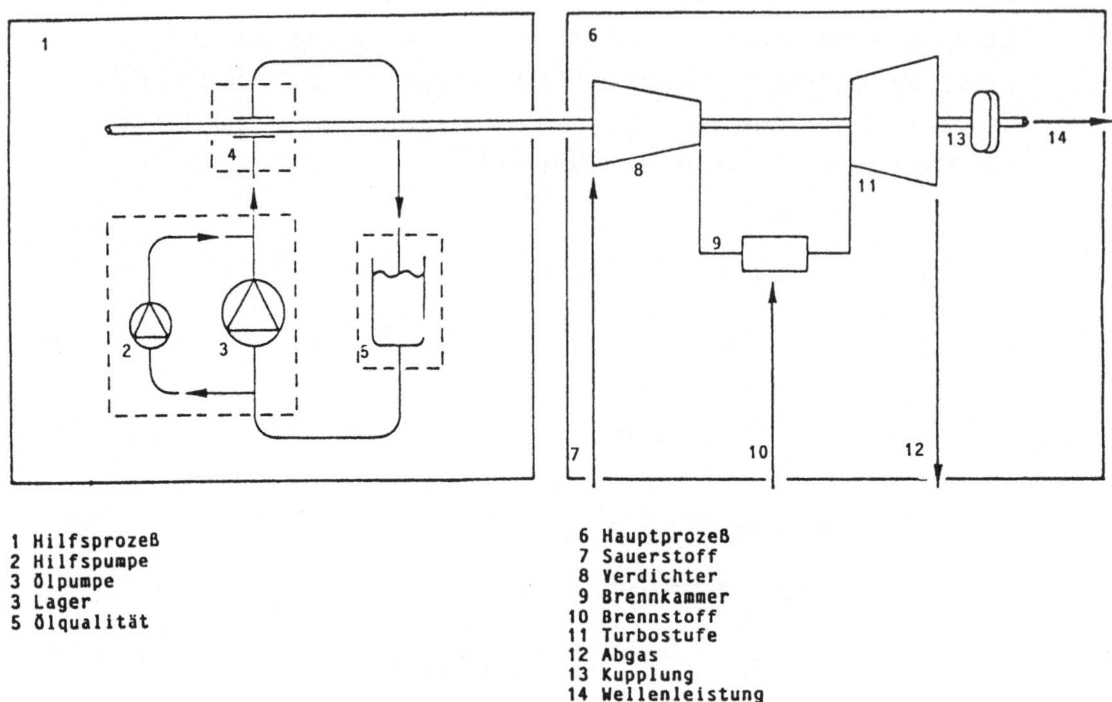

1 Hilfsprozeß
2 Hilfspumpe
3 Ölpumpe
3 Lager
5 Ölqualität

6 Hauptprozeß
7 Sauerstoff
8 Verdichter
9 Brennkammer
10 Brennstoff
11 Turbostufe
12 Abgas
13 Kupplung
14 Wellenleistung

Abb. 39 Aufbau der Turbine TURBO

Die Grundstruktur des Modells zeigt vier Komponenten, die miteinander in Beziehung stehen und teilweise weiter gegliedert sind (vgl. Abb. 40):

- Monitor

- Hauptprozeß

- Hilfsprozeß

- Lastprofil

Der **Monitor** stellt die Dialogschnittstelle des Modells zum Bediener dar. Sämtliche Ein- und Ausgaben werden über ihn abgewickelt. Dazu zählen insbesondere die vorgezogene Erneuerung der einzelnen technischen Komponenten und die Quittierung von abgeschlossenen Aktivitäten sowie die Ergebnisse und Protokolle der Simulationsläufe.

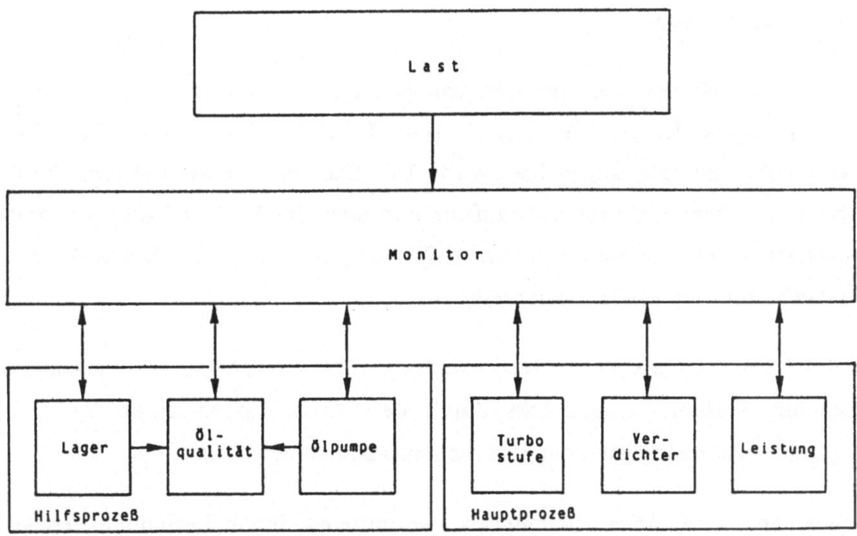

Abb. 40   Aufbau des Simulationsmodells TURBO

In der Komponente Monitor sind sämtliche Ein- und Ausgabeprozeduren vereinigt, die über den Bildschirm Eingaben abfragen oder Informationen ausgeben. Vor dem Absenden von Daten an andere Komponenten werden die Kalendereinträge mit dem BORIS-Koordinator abgeglichen, wodurch einzelne Transaktionen im Modell angestoßen oder gesperrt werden (Trigger-Funktion).

Die Komponente **Hauptprozeß** besteht aus drei gleichartigen Subkomponenten, die unterschiedliche Wirkungsgrade aus den Meßergebnissen der zugeordneten Sensoren bzw. aus den vom Simulator vorgegebenen Ist-Verläufen der thermodynamischen Parameter auswerten.

1. Wirkungsgrad Verdichter

Der Verdichter saugt aus der Umgebung Luft an und verdichtet diese, bevor ihr in der Brennkammer die thermische Energie zugeführt wird. Die Subkomponente Verdichter wird durch ein gemessenes Druckverhältnis beschrieben.

2. Wirkungsgrad Turbo

In der Turbostufe entspannt sich das Verbrennungsgas und treibt über die Turbinenschaufeln eine Welle an. Die Subkomponente Turbo wird mit einem Druck- und einem damit gekoppelten Temperaturverhältnis beschrieben.

3. Wirkungsgrad Leistung

Der Leistungsprozeß der Turbine geht von der Fiktion einer Glocke über der Turbine aus, in die lediglich Brennstoff (und Luft) hineingeht und über eine Welle kinetische Energie abgegeben wird. Die Subkomponente Leistung wird daher mit Daten über die Brennstoffzufuhr und über die Wellenleistung versorgt und errechnet einen thermodynamischen Wirkungsgrad, der die Brennkammer und die Turbostufe als Einheit beschreibt.

Alle drei Wirkungsgrade sind insofern parallel zu überwachen, als der Verschleiß der gesamten Turbine, ausgedrückt durch den Abfall schon eines der drei Wirkungsgrade, zu Wartungs- oder Überholungsmaßnahmen führt.

Die Komponente **Hilfsprozeß** besteht aus zwei miteinander in Beziehung stehenden Subkomponenten, der Subkomponente Lager und der Subkomponente Ölpumpe.[19]

Dabei überlagern sich die folgenden Phänomene: Das zum Einsatz kommende Schmieröl nimmt während der Stillstandszeiten wie während der Betriebszeit aus der Umgebungsatmosphäre Luftfeuchtigkeit auf. Das Wasser bildet mit dem Öl eine Emulsion, die kurzfristig zu einem negativen Einfluß auf den gewünschten

---

19 vgl. zum technischen Vorgehen Collacott 1977, S. 404ff.

Schmierfilm führt und darüber hinaus längerfristig zu Korrosionsprozessen beiträgt. Daher wird der Wassergehalt im Schmieröl ständig mit einem Sensor überwacht und bei einem vorherbestimmten Promillesatz das Öl gewechselt. Im Modell wird dieser Wechsel bei Bedarf automatisch vorgenommen, das Faktum aber dem Monitor mitgeteilt. Darüber hinaus wird bei jedem Ölwechsel aus den Filtern und dem Öl der metallische Lagerabrieb ermittelt, der wiederum ein Maß für das Lageralter darstellt. Damit kann der 'geplante' Lagerverschleiß in das Modell eingeführt werden.

Der 'zufällige' Ausfall als Ergebnis von Werkstoffermüdungsvorgängen wird durch einen Zufallsgenerator modelliert; eine Beschreibung des Ausfallzeitpunkts wird über eine spezifizierte Weibull-Funktion vorgenommen. Beide Prozesse werden in der Subkomponente Lager ausgewertet und stoßen die Lagererneuerung an. Die Verschleißcharakteristik der Schmierölpumpe wird mit Hilfe der gemessenen Druckverhältnisse in der Subkomponente Ölpumpe beschrieben. Bei einem altersbedingten Absinken der Pumpenleistung wird automatisch eine Hilfspumpe zugeschaltet, deren Laufzeit allerdings auf insgesamt zwölf Betriebstunden beschränkt ist. Danach ist eine Erneuerung der (Haupt-) Ölpumpe unumgänglich. Ferner wird bei der Aktivität Pumpenerneuerung immer ein Ölwechsel vorgesehen.

Während in den obigen (Sub-) Komponenten nur Verbrauchs- und Verschleißprozesse beschrieben werden, wird mit Hilfe der Komponente **Lastprofil** die von der Unternehmensplanung geforderte Leistungsabgabe vorgegeben. Es handelt sich dabei um eine Abfrage nach Stunden der Modellzeit, währenddessen die Nennleistung an einer gedachten Kupplung zur Verfügung steht. Damit wird in einfacher Form die Inanspruchnahme der Turbine modelliert, die Ursache für die belastungsabhängigen Instandhaltungsaktivitäten und -zeiten ist. Über dieses Lastprofil können die Vorteile einer Entscheidungsunterstützung für eine individuelle technische Anlage überhaupt erst zur Geltung kommen. So kann der Reservebetrieb (kalte oder warme Reserve) von dem Regelbetrieb unterschieden und die Bewirtschaftung entsprechend angepaßt werden. Unabhängig von der Inanspruchnahme ist selbstverständlich der Zeit- oder Standverschleiß, wie beispielsweise die Korrosion der Oberflächen oder die Alterung von nicht belasteten Dichtungen.

5.4.3   Beschreibung der Realisation

5.4.3.1   Verschleißprozesse

Ursache für die meisten Entscheidungen während des Lebensweges einer Turbine ist die geforderte Leistungsabgabe.[20] Sie verursacht den Betriebsstoffverbrauch sowie die unvermeidlichen Verschleißprozesse, die durch den Einsatz entstehen.[21] Diese Prozesse müssen in dieser Fallstudie generiert werden, während sie bei einem praktischen Einsatz gemessen würden. Es werden daher in den technischen Komponenten plausible Verschleißverläufe modelliert. Die Dimensionen lehnen sich an in der Literatur dokumentierte Größenordnungen an, ohne den Anspruch auf eine in sich geschlossene Realisation zu erheben.

Prinzipiell können diese Verläufe und die 'kritischen' Werte vor jedem Simulationslauf verändert werden, auf eine Dokumentation wird im Moment verzichtet, sie ist aber in einer Ausbaustufe denkbar. Die geforderten Meßwerte werden durch einfache Auswertung einer Verschleißfunktion ermittelt und im Modell weiterverarbeitet.

Zusätzlich zu den fast deterministisch ablaufenden Verschleißprozessen können in der Realität plötzliche Störungen, wie zum Beispiel ein mechanischer Bruch in der Komponente LAGER, auftreten. Ein solcher zufallsbedingter Prozeß wird durch einen Zufallszahlengenerator und eine vorgegebene WEIBULL-Verteilungsfunktion modelliert.[22]

5.4.3.2   'Kritische Werte'

Bei der Auswertung von zeitabhängigen oder zufallsbedingten Abnutzungserscheinungen wird der mögliche Wertebereich der auszuwertenden Funktion in drei Bereiche eingeteilt. Man stelle sich einen gewissen Abnutzungsvorrat vor, der den Betrieb der Turbine ermöglicht, während des Betriebs aber allmählich abnimmt. Je nach technischer Auslegung sinkt der Abnutzungsvorrat auf einen ersten Wert, die Schadensgrenze (vgl. Abb. 41[23]), bei dessen Erreichen über den Monitor Alarm ausgelöst wird ('Alarmschwelle'). Nach dem Überschreiten dieser Schwelle ist ein weiterer Betrieb der Turbine ohne Einschränkungen möglich.

---

20 vgl. Stepan 1982, S. 426ff.
21 vgl. Herzig 1975, S.60 f.; wirtschaftliche Auswirkungen von Verschleiß diskutiert ausführlich Heck 1980, S. 170ff.
22 vgl. Palm 1981, S. 34; Grothus 1971, S. 216ff.; VDA 1976, S. 12ff.
23 vgl. DKIN 1982, S.9

Bei einem weiteren Verbrauch des Abnutzungsvorrats sinkt der Wert weiter bis
zu einem zweiten charakteristischem Punkt ('Aus'). Dann muß die Turbine
komplett abgeschaltet werden.[24]

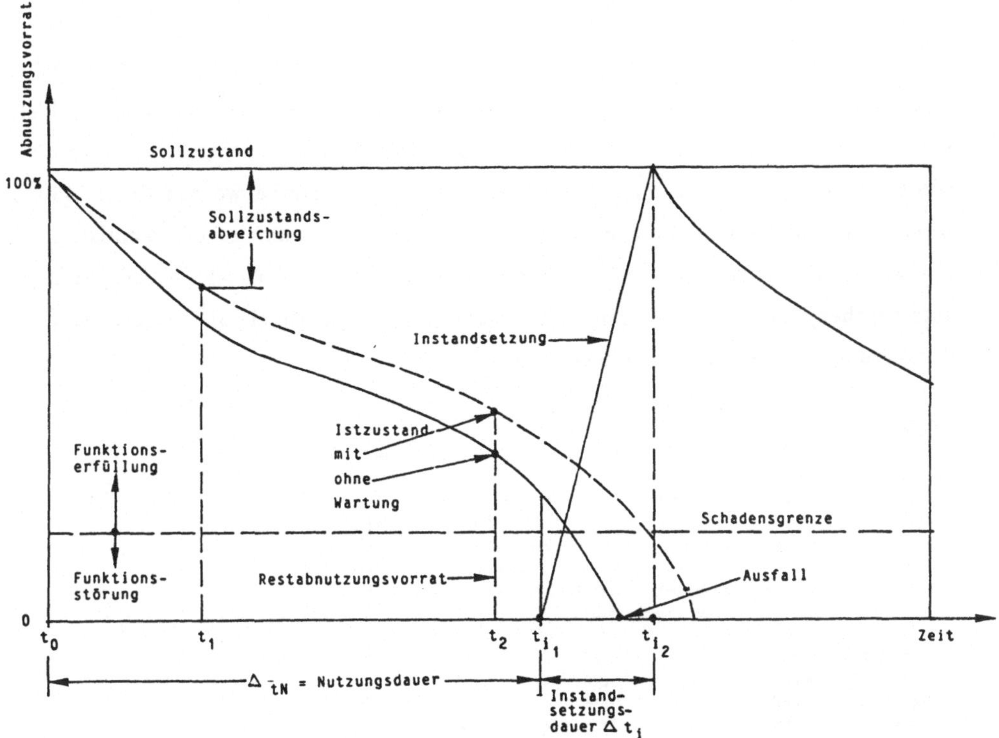

Abb. 41   Abnutzungsvorrat und Instandhaltung

Beide Werte sind konstruktive Merkmale, die nur durch technische Änderungen
zu beeinflussen sind. Sie bilden gleichzeitig die Grundlage für die Bewirtschaftung des Aggregats, weil die Alarmschwelle Handlungsbedarf signalisiert
und das Ausschalten den (spätesten) Zeitpunkt für Instandhaltungsmaßnahmen
anzeigt. Dabei stellt eine Instandhaltungsmaßnahme die Möglichkeit dar, den Abnutzungsvorrat wieder aufzufüllen, sei es durch Wartungs- oder durch Er-
neuerungsmaßnahmen.

---

24 vgl. DKIN 1982; zur empirischen Ermittlung der kritischen Werte vgl. Laak
1983, S. 34

5.5 Derzeitiger Entwicklungsstand

Entsprechend der vorausgegangenen Diskussion sind bei dem vorliegenden Prototyp eines Bewirtschaftungsmodells plausible Daten in das Modell eingearbeitet worden. Ferner wurden Pilotläufe durchgeführt und überprüft.

Dabei kann ausgehend von der Grundmaske (vgl. Abb. 42), die die Gasturbine im Überblick zeigt, auf Wunsch zum Beispiel in eine Spezialmaske LAGER (vgl. Abb. 43) verzweigt werden , die nähere Angaben über den Systemzustand liefert. Die Grundmaske und für jede Komponente eine Spezialmaske werden durch die Komponente MONITOR erzeugt. Mit Hilfe der Masken kann der die Simulation überwachende Systemmanager den Lebensweg zu jedem gewünschten Zeitpunkt unterbrechen, um neue Eingaben zu machen, zum Beispiel die vorgezogene Erneuerung einer Komponente anstoßen.

```
T u r b i n e

-------------------------------------------------------------------------

Meldung            Lagerbruch
Kalenderzeit       0 Jhr 353 Tg 20 Std        Verfuegbarkeit  (%)
Anzahl Starts      130                        kalt    3.2948657560057E-01
geplante restliche Leistungsabgabe    0 Std   heiss   7.4776260009421E-02

-------------------------------------------------------------------------

                   Zustand   Anzahl der   Laufzeit    Restlaufzeit  Details
                             Erneuerungen  (Std)        (Std)

 - Turbostufe      Normal        1            27         2282         (!)
 - Verdichter      Normal        2           270          763         (!)
 - Thermo          Normal        4           336          164         (!)
 - Pumpe           Normal        0          2336          664         (!)
 - Oelqualitaet    Normal        3           320          352         (!)
 - Lager           Aus           5           348            0         (!)

-------------------------------------------------------------------------

Naechste Inspektion (  40) Std
Ende der Simulation : K1-Taste
```

Abb. 42   Grundmaske TURBO

```
Geraet   Lager                  Kalenderzeit       0 Jhr 353 Tg 20 Std

-------------------------------------------------------------------------

Meßwert                         Alarmschwelle     Ausschwelle
7.6208120848000E+0 cm/s         6.50 cm/s         7.62 cm/s

-------------------------------------------------------------------------

Anzahl der            Laufzeit            Termin letzte      Restlaufzeit
Erneuerungen                              Erneuerung
    5                 360 Std             0 Jhr 180 Tg 12 Std    0 Std
Startzahl seit        Startabhaengig-     zufallsabhaengig   Verteilung
Erneuerung            keit (Faktor)
   21                 0.10 cm/s                 ja           Weibull

-------------------------------------------------------------------------

Erneuerung            Dauer Erneuerung
   (X)                   1 Tg  0 Std

-------------------------------------------------------------------------

Menue fuer naechstes Geraet ( bzw Fortsetzung Simulation ) : Due - Taste
Rueckkehr zu Grundmenue                               : K1 - Taste

-------------------------------------------------------------------------
```

Abb. 43   Spezialmaske TURBO der Komponente LAGER

Bei jedem individuellen Simulationslauf werden alle Ereignisse in einer Datei LEBENSLAUFAKTE[25] protokolliert. Neben der Leistungsabgabe zur Stromerzeugung werden in dieser Datei Zeitpunkte festgehalten. Die ALARM- und AUS-Zustände sowie die Starttermine für Instandhaltungsaktivitäten werden einem Lebenslaufkalender zugeordnet, der aus den Angaben Jahre/Tage/Stunden besteht.[26] Zur Erleichterung der Auswertung werden vom Modell zu jedem protokollierten Ereigniszeitpunkt die Kennziffern kalte und heiße Verfügbarkeit errechnet.[27]

Auf Grundlage der Lebenslaufakten unterschiedlicher Simulationsläufe können dann Auswertungen erstellt werden. Als Beispiele für die folgende Diskussion dienen vier mit dem Modell TURBO erzeugte Lebenswege, die von unterschiedlichen Instandhaltungsstrategien ausgehen.

Der betrachtete Zeithorizont umfaßt circa vierhundert Tage[28]; dies ist bei der Verwendung von plausiblen Parametern der kürzeste Zeitraum, in dem jede der sechs Komponenten mindestens einmal erneuert worden ist. Selbstverständlich kann über veränderte Parameter, die stellvertretend für die konstruktive Auslegung der betrachteten Gasturbine stehen, jede andere Version einer Lebenslaufbetrachtung unterworfen werden.

Eine Kalibrierung des Modells mit gemessenen Daten, die Verifizierung sowie die Validierung des Modells sind in der aktuellen Version (noch) nicht erfolgt.[29]

Als Ziel für die Nutzungsphase eines technischen Systems wird im allgemeinen eine hohe Systemverfügbarkeit bei einem gegebenen Maß an Betriebssicherheit und beschränkten, nach Möglichkeit abschätzbaren Betriebskosten gefordert.[30] Der geringere Aufwand für Inspektions- und Steuerungszwecke legt in der betrieblichen Praxis häufig eine periodische Wartungsstrategie nahe, die sich an der höchsten denkbaren Belastung ("worst case") orientiert. Insbesondere bei einer an Sicherheitsaspekten orientierten Abwägung, wie sie beispielsweise in der Luft- und Weltraumfahrt unabdingbar ist, führt diese Vorgehensweise in unserem Fall

---

25 Beispiel einer Datei LEBENSLAUFAKTE im Anhang
26 Die im Anhang dargestellte Lebenslaufakte beschränkt sich auf Meldungen über den Zustand der Gasturbine. Beim normalen Betrieb werden in der ausführlichen Fassung zusätzlich die Einsatzzeitpunkte protokolliert, die entsprechenden Stellen sind im Anhang mit dem Symbol "* * *" gekennzeichnet, um den Umfang des Anhangs auf das für die weitere Diskussion Notwendige zu beschränken.
27 vgl. Abschnitt 5.4
28 genau 1 Jahr/ 33 Tage/ 6 Stunden
29 vgl. Page 1983, S. 149ff.
30 Auf die Mehrzielprogrammierung sei in diesem Zusammenhang nur hingewiesen.

zur Überdimensionierung konstruktiver Eigenschaften. Einzelne Elemente des technischen Systems, der Turbine, beinhalten also Reserven, um Ausfälle des gesamten Systems generell zu vermeiden. Der möglicherweise überdimensionierte Nutzungsvorrat einer einzelnen Komponente kann aber in seiner Wechselwirkung mit dem restlichen technischen System vor dem tatsächlichen Einsatz nur eingeschränkt beurteilt werden.

Daher bietet sich das Instrument Simulation an, sowohl um frühzeitig mit Untersuchungen dieser Wechselwirkungen zu beginnen, als auch schrittweise erarbeitete neue Erkenntnisse über das Systemverhalten evolutiv in die Bewirtschaftung des Lebenswegs mit einzubeziehen. Die konstruktive Komplexität neu zu entwickelnder technischer Systeme sowie die beschränkte Kenntnis über die Beanspruchung einzelner Systemkomponenten während des tatsächlichen Einsatzes kann dann nur durch Unterstützung informationsverarbeitender Systeme aufgefangen werden.

Die hier vorgeschlagene Untersuchung kann mit Hilfe ereignisorientierter Simulation das zeitlich strukturierte Zusammenspiel der Komponenten transparenter darstellen und so zur Verbessserung der Planung beitragen. Neben dem Verhalten der einzelnen Komponenten und den ihnen eigenen zeitlichen Strukturen können so unterschiedliche Instandhaltungsstrategien, die während des Betriebs des gesamten Systems in Betracht kommen, in ihrer Auswirkung verfolgt und über beispielsweise Verfügbarkeitskennzahlen verglichen werden.[31] Damit sind im Einzelfall die Voraussetzungen zur Ermittlung einer konkreten optimalen Instandhaltungsstrategie als Beispiel von Entscheidungen in der Nutzungsphase gegeben, da der charakterisierte Funktionsumfang von dem Paket BORIS die modellhafte Berücksichtigung bedeutsamer Ereignisse und deren Wechselwirkung erlaubt. Durch das sukzessive Ersetzen von modellierten Verschleißverläufen durch am technischen System gemessene Werte, wie sie nach dem Bau von Versuchsmustern einzelner Komponenten möglich werden, kann das Modell die Ereignisfolgen genauer und damit realistischer abbilden. Durch diese am Verlauf des Lebenswegs orientierte Betrachtung wird der Entwickler schon frühzeitig auf bislang vielleicht vernachlässigte Folgen einzelner Ereignisse aufmerksam und kann so unter Abwägung von Risiken dort eingreifen, indem er die Konstruktion ändert, wo mit geringem Aufwand Nutzen in Form von Verlängerung der Lebensdauer, Verbesserung der Zuverlässigkeit oder Einsparungen bei den

---

31 Da die einzelnen Instandhaltungsaktivitäten schon in der Forschungs- und Entwicklungsphase definiert werden können, können schrittweise Bewertungen erfolgen, die dann in die Planung der Betriebskosten eingehen können. Die modellmäßige Verwirklichung wird im Abschnitt 5.6 angesprochen.

Gesamtkosten gestiftet werden kann. In Auswertung der Wechselwirkungen können insbesondere Reserven dort konstruktiv erzeugt werden, wo aus der Gesamtsicht Schwachstellen zu erkennen sind; umgekehrt können notwendige Reserven in den Komponenten mobilisiert werden, wo Bedarf besteht, um so zu einer Abstimmung im Gesamtsystem beizutragen.

Als Beispiele für den Umgang mit dem Simulationsmodell TURBO sind in den folgenden Abbildungen zwei Bereitschafts-, eine Präventiv- sowie eine kombinierte Präventiv-/Bereitschaftsstrategie in Auswertung ihrer Lebenslaufakte dargestellt, in allen vier Fällen handelt es sich um einstufige Strategien[32], wobei sich aber die weiteren Strategieparameter unterscheiden:

- Strategie 1: Hierbei wurde eine Bereitschaftsstrategie mit fehlerfreier Inspektion, die ja vom Modell permanent vorgenommen wird, gewählt; die Instandhaltungsintervalle werden optional ermittelt und führen zu opportunistischem Instandhaltungsverhalten.[33]

- Strategie 2: Hierbei wurde eine Präventivstrategie simuliert; die Instandhaltungsintervalle werden optional ermittelt, sie führen zu einfachem, auf eine Komponente bezogenem Instandhaltungsverhalten.

- Strategie 3: Hierbei handelt es sich um dieselbe Strategie wie im Fall 1, allerdings tritt zu einem zufälligen Zeitpunkt (Tag 354) ein Lagerschaden auf, der sofort beseitigt werden muß.

- Strategie 4: Hierbei handelt es sich um eine der Strategie 2 ähnliche Strategie, wobei allerdings für die Komponenten THERMO und VERDICHTER eine gleichzeitige Instandsetzung vorgesehen wird, sofern beim Auftreten einer AUS-Meldung für eine der beiden die ALARM-Meldung für die andere Komponente vorliegt. Ob die Koppelung durch konstruktive Vorgaben, durch zeitlich zufälliges Zusammentreffen oder durch gemeinsame Montagevorgänge begründet wird, ist im Modellverhalten nicht vorgegeben, es handelt sich lediglich um die Tatsache der Koppelung, die unterstellt wurde.

---

32 vgl. Abb. 37
33 Die LEBENSLAUFAKTE im Anhang wurde als Protokoll der Strategie 1 erzeugt.

	Art der Strategie	Anzahl der Erneuerungen der einzelnen Komponenten						Anzahl der Ereignisse insgesamt	Lebensdauer	Starts	Kalte Ver-fügbarkeit	Heiße Ver-fügbarkeit
		Lager	Pumpe	Öl	Thermo	Turbo	Verdichter					
Strategie 1	Bereitschaftsstrategie Erneuerung der Komponente nach Aus-Meldung der Komponente	7	1	4	6	1	2	60	1/ 33/ 6	168	38,122%	27,442%
Strategie 2	Präventivstrategie Erneuerung der Komponente nach Beendigung der Lastabgabe und bei erstmaligem Auftreten des Alarmzustandes	7	1	4	6	1	3	45	1/ 33/ 6	145	30,001%	23,950%
Strategie 3	Bereitschaftsstrategie Erneuerung der Komponente nach Aus-Meldung und plötzlichem Lagerschaden am Tag 354	7	1	4	6	1	2	58	1/ 33/ 6	168	38,122%	31,469%
Strategie 4	Präventiv-/Bereitschafts-strategie Erneuerung der Komponenten Lager, Öl, Turbo und Pumpe beim Erreichen des Alarmzustandes; gemeinsame Erneuerung der Komponenten Thermo und Verdichter nach Aus-Meldung einer der beiden Komponenten	7	1	4	6	1	3	57	1/ 33/ 6	166	38,514%	28,367%

Abb. 44 Summarischer Vergleich der vier simulierten Strategien

Komponente	Strategie 1	Strategie 2	Strategie 3	Strategie 4
Lager	0/ 20/ 0 0/ 43/ 0 0/135/17 0/158/12 0/179/12 0/356/ 1 1/ 18/20	0/ 19/ 0 0/ 41/ 0 0/132/ 2 0/154/ 2 0/330/ 0 0/351/ 2 1/ 12/ 4	0/ 20/ 0 0/ 43/ 0 0/135/17 0/158/12 0/179/12 0/354/ 0 1/ 16/19	0/ 20/ 0 0/ 43/ 0 0/133/20 0/156/19 0/177/19 0/354/ 8 1/ 17/ 3
Pumpe	1/ 31/ 6	1/ 4/16	1/ 31/ 6	1/ 29/ 6
Öl	0/ 36/12 0/144/ 6 0/183/20 1/ 14/12	0/ 32/20 0/137/ 2 0/242/20 1/ 0/20	0/ 36/12 0/144/ 6 0/183/20 1/ 14/12	0/ 36/12 0/142/ 6 0/251/20 1/ 12/12
Thermo	0/ 25/20 0/ 54/ 2 0/152/ 4 0/181/ 4 1/ 3/ 4 1/ 31/ 6	0/ 21/ 9 0/ 44/20 0/138/ 9 0/161/18 0/339/ 7 1/ 4/16	0/ 25/20 0/ 54/ 2 0/152/ 4 0/181/ 4 1/ 3/ 4 1/ 31/ 6	0/ 25/20 0/ 54/ 2 0/150/ 4 0/179/ 4 1/ 4/ 1 1/ 29/ 6
Turbo	0/268/13	0/245/ 3	0/268/13	0/266/13
Verdichter	0/ 57/15 0/186/10	0/ 50/17 0/171/15 1/ 17/15	0/ 57/15 0/186/10	0/ 54/ 2 0/179/ 4 1/ 29/ 6

Abb. 45   Starttermine der Erneuerung der einzelnen Komponenten

In der Abbildung 44 sind neben der Identifikation der Strategie summarische Daten wie die Anzahl von Erneuerungen einzelner Komponenten, die Anzahl von Ereignissen, die für die Instandhaltungsstrategie bedeutsam sind, die Lebensdauer, die Anzahl der erfolgten Starts der Turbine sowie die Verfügbarkeitskennziffern aufgeführt. In der Abbildung 45 findet man dagegen die Starttermine von Erneuerungsaktivitäten einzelner Komponenten in Abhängigkeit der gewählten Strategie.

Schaut man sich für eine erste Interpretation die Anzahl der Erneuerungen an, so ist in Anbetracht der in diesem Beispiel kurzen Lebensdauer, die überdies aus Gründen der Vergleichbarkeit in allen vier Fällen gleichgesetzt wurde, nur die Anzahl der VERDICHTER-Erneuerungen bei den Strategien 2 und 4 höher, andererseits verschieben sich die Instandhaltungstermine beträchtlich, was sich auch in der Verfügbarkeitsrechnung ausdrückt. Die Strategie 4 macht insbesondere deutlich, wie in Kombination von Elementen der Strategien 1 und 2 die Verfügbarkeit erhöht werden kann, wenn die Lastabgabe mit einer am gemessenen Verschleiß orientierten Instandhaltung vorteilhaft kombiniert werden kann.

Schließlich weist der zufällige Lagerschaden in Strategie 3 darauf hin, daß dieser sich in der kurzen Lebensdauer nur in einer vorgezogenen LAGER-Erneuerung auswirkt, wie der Vergleich der kalten und der heißen Verfügbarkeiten der Strategien 1 und 3 zeigt. Damit wird selbstverständlich nichts über die möglicherweise unterschiedliche Restlaufzeit des Lagers in Abhängigkeit von der gewählten Strategie ausgesagt, die einen etwaigen erzielbaren Restwert bei Verkauf der außerdienstgestellten Turbine beeinflussen würde.

Schon diese ersten Auswertungen unterstreichen die Möglichkeiten, mit Hilfe eines Modells im geschilderten Sinne einzelne unterschiedliche Lebenswege für ein individuelles technisches System zu untersuchen, um Entscheidungen während der einzelnen Lebenswegphasen besser zu fundieren. Im Gegensatz beispielsweise zu bislang noch weit verbreiteten periodischen Instandhaltungsstrategien können so dynamische, zustandsabhängigen Strategien entwickelt und verfolgt werden, die bei der Einsparung von Betriebskosten helfen. Dies setzt allerdings im Regelfall die Berücksichtigung von einschlägigen Techniken wie Sensoreneinsatz, Meßwertverarbeitung und Simulationsmodellen, wie gezeigt, voraus. Der dadurch vielleicht höhere Anschaffungspreis für ein technisches System kann eben nur durch Kosteneinsparungen entlang des Lebensweges gerechtfertigt werden.

Für die Entscheidungen des Systemverwalters sind unabhängig von dieser Argumentation verdichtete Informationen über den einzelnen möglichen Lebensweg hilfreich, da er mit ihrer Unterstützung auch den noch verbleibenden Rest des Lebenswegs, die Restlaufzeit, besser überblicken und entsprechend disponieren kann.

5.6 Mögliche Ausbaustufen

5.6.1 Grundrichtung

Zunächst werden zwei grundlegende Ideen diskutiert, ehe dann einige konkrete Entwicklungsrichtungen aufgezeigt werden.

In der obigen Modellversion werden Aktivitäten und zeitabhängige Ereignisse modelliert. Für betriebswirtschaftliche Anwendungen ist diese Version zu technisch, da insbesondere während des Betriebs der Gasturbine ständig Entscheidungen über wirtschaftlich vertretbare Maßnahmen zu fällen sind. Daher muß ein Simulationsmodell obiger Art für Planungszwecke nicht nur ein Mengengerüst von Aktivitäten in der Zeit, sondern auch eine Bewertung dieser Maßnahmen ermöglichen. Für einen Vergleich der Maßnahmen sind also Kostenwerte erforderlich, um das Mengengerüst mit Hilfe eines Wertgerüstes zu bewerten und in der Auswertung zu einem Entscheidungsvorschlag zu verdichten.Grundsätzlich ist es denkbar, sämtliche Kostenwerte als globale Variable in das Modell einzubauen. Allerdings bedeutet dies einen hohen Änderungsaufwand für den Disponenten, der das Modell benützt.

Eine andere Lösung soll daher vorgeschlagen werden: Die Koppelung des Simulationsmodells mit einer Datenbank. In der Datenbank sind dann die Kostenwerte für Auswertungen verfügbar, wobei andere Abteilungen im Unternehmen die Daten warten; zum Beispiel könnte die Controllingabteilung die internen Verrechnungspreise aktualisieren, die Beschaffungsabteilung die Preise für Ersatzteile und fremdvergebene Dienstleistungen und die Abteilung für Unternehmensplanung die Strompreise als Ausdruck bewerteter Leistung. Für einen Simulationslauf greift das EDV-Modell auf diese Daten zu und lädt sie in einer Datei, damit sie für eine Auswertungssitzung zur Verfügung stehen. Umgekehrt können Ergebnisse einer Untersuchung wieder in der Datenbank abgelegt werden und stehen so für andere Ableitungen zur Verfügung. Auch die Daten aus dem "Überwachungsmodus" stehen verzugslos für andere Nutzer bereit.

Die zweite Idee bezieht sich, wie oben schon angedeutet, auf die Unterstützung bei der Führung der Lebenslaufakte der Gasturbine durch die in BORIS 2.0 implementierte Beobachtungsebene. Unterschieden nach realen und simulierten Lebenswegen, könnten dort alle Ereignisse nach Art des Ereignisses, Umfang und Kosten der Aktivitäten, Quittierung von abgeschlossenen Aktivitäten und Standardauswertungen protokolliert und vorgehalten werden.

5.6.2   Statistische Verfolgung des Lebensweges

Durch eine routinemäßig vorgenommene Protokollierung wichtiger Betriebsdaten, gedacht ist dabei an Daten wie

- Summe der erfolgten Starts

- Summe der Betriebsstunden (heißer Einsatz)

- Summe der Betriebsbereitschaftsstunden (kalter Einsatz)

- Betriebsstoffverbräuche

- erfolgte Wartung- und Instandsetzungsmaßnahmen

- Budgetinanspruchnahme

werden Vergleiche mit identischen oder ähnlichen Aggregaten im Zeitverlauf unterstützt. Diese Vergleiche sind nicht nur für den Nutzer (und Disponenten) der Turbine von Interesse, sondern diese Daten in maschinenlesbarer Form können an andere Stellen, insbesondere an Hersteller der Turbine weitergegeben werden, die diese Felddaten auswerten können, um beispielsweise neue Typen in der Entwicklung besser zu gestalten.

5.6.3   Verbesserung während des Lebensweges

Durch die Koppelung mit der oben erwähnten Datenbank sind während des Betriebes nicht nur Aussagen über günstige Wartungs- und Instandsetzungsstrategien über Vorteilhaftigkeitsvergleiche möglich, sondern durch diese Koppelung sind zunächst Simulationen 'höherer Ordnung' möglich. So können technische Funktionen, beispielsweise die Verschleißverläufe anderer oder sogar noch nicht realisierter Bauteile, z.B. eines Lagers, eingespielt werden. Ferner wird ein Soll/Ist-Vergleich zwischen geplanten und gemessenen Verschleißverläufen möglich, die 'kritischen Werte' können variiert werden. Die Planung von modifizierten Versionen der Turbine wird so unterstützt.[34]

---

34 vgl. Gericke 1981, S. 25

5.6.4 Horizontale Verkettung mit anderen Aggregaten

In dieser Fallstudie wurde eine einfache Gasturbine modelliert. Nun ist es vorstellbar, den folgenden Generator ohne Änderung der Modellierungsphilosophie ebenfalls als Modell zu erstellen und an geeigneten Schnittstellen mit der Turbine zu einem autonomen Stromerzeuger zu verknüpfen. Zusammen mit der vertikalen Verknüpfung mit der Unternehmensplanung wird so ein bottom-up-Zugang zu einem unternehmensweiten Entscheidungsunterstützungssystem möglich[35], das nur durch die Phantasie und Kosten/Nutzen-Kalküle beschränkt ist, solange der Realitätsbezug einerseits und der Problembezug andererseits gewahrt bleibt.[36] An dieser Stelle zeigt sich die Mächtigkeit der Netztheorie zur Modellierung technischer Systeme. Der mathematische Apparat und seine EDV-gestützte Handhabung ermöglichen eine unverkürzte Abbildung einer "Aggregatebene".

5.6.5 Vertikale Verkettung mit der Unternehmensplanung

Aus den erfolgten Simulationsläufen können Daten weitergegeben werden; gedacht ist dabei an die Auslösung von Bestellungen für Ersatzteile[37] und fremdzuvergebende Dienstleistungen oder an die Anforderung von Leistungen, die von anderen Abteilungen erbracht werden, wie zum Beispiel Personaleinsatz bei Arbeiten an der Turbine. Die Steuerung kann so bis zum systembezogenen Zahlungsverkehr ausgedehnt werden.

Der Vergleich mit Daten aus der Investitions- und Budgetplanung ist ebenfalls möglich. Insbesondere können so wirtschaftliche Schadensgrenzen für Teile der Turbine, Grenzen des wirtschaftlichen Betriebs und die Terminierung der Verschrottung bestimmt werden.[38] Die ständige Erfassung von Betriebsdaten sorgt für die laufende, aktuelle Information über die bedeutsamen betrieblichen Ereignisse. Über diese on-line-Steuerung können Einsatzzeiten der Turbine genauer im voraus geplant werden und bei der Gesamtbetrachtung eines Anlagenbestands Reserven identifiziert, lokalisiert und im Einzelfall mobilisiert werden. Permanent erfaßte Betriebsdaten sind auch speicherbar, um für batch-Läufe der Produktionsplanung verwendet zu werden. In diesem Sinne ist die lebenswegbezogene, EDV-gestützte Planung technischer Systeme ein Baustein in der vieldiskutierten "Fabrik der Zukunft (computer integrated manufacturing)", bei der häufig die Herstellung des Produkts im Vordergrund steht, die dafür notwendigen Anlagen

---

35 anders als Grabow 1986, S. 239ff.
36 vgl. Moliere 1984, S. 96
37 vgl. Krüger 1985, S. 9
38 vgl. Eichler 1977, S. 166ff; Ederer 1980

aber nur eine Randbedingung darstellen. Daten aus einer automatischen Qualitätskontrolle sagen jedoch nicht nur etwas über das geprüfte Produkt aus, sondern
auch über den Zustand der Fertigungsanlagen und über den sich eventuell
abzeichnenden Instandhaltungsbedarf.

Durch die Dokumentation von Simulationsläufen können die Anforderungen an
ein zu beschaffendes Nachfolgeaggregat besser und genauer spezifiziert werden,
was zu einer Unterstützung der Erstellung eines neuen Lastenheftes führt. Dies
schließt einen zu planenden Erneuerungstermin ein.

6.1.   Der heutige Stand der Entwicklung

In der industriellen Fertigung werden schon seit einigen Jahren Betriebsdatenerfassungssysteme eingesetzt. Sie führen dezentral erfaßte Fertigungsdaten zusammen, mit deren Hilfe die Produktionssteuerung und die Kapazitätsplanung verbessert werden. Sowohl für Anlagen als auch für die auf den Anlagen gefertigten Teile werden dabei Identifikations-, Soll- und System-daten[1] unterschieden. Die Daten über die Betriebsmittelbelegung[2] liefern so Ansatzpunkte für die Instandhaltung von Fertigungsanlagen; umgekehrt müssen Instandhaltungszeiten in der Produktionssteuerung berücksichtigt werden.

Als relativ teures Element in einer Fertigungsanlage genießen die Werkzeug-maschinen besondere Aufmerksamkeit. Die Funktionsfähigkeit[3] ist oberstes Ziel, weshalb der Anlagenzustand für die planmäßige Instandhaltung und für die Dia-gnose einer Störung[4] sowie deren Beseitigung[5] entscheidend ist. Um Zeit zur Dis-position zu gewinnen, konzentriert sich die angewandte Forschung auf die Feh-lerfrühdiagnose.[6] Hier wird ganz deutlich, wie Erkenntnisse in der For-schungsphase die späteren Betriebskosten bestimmen.

Aus Sicherheits- und Überwachungsgründen werden seit Jahrzehnten lange Fahr- und Flugzustände mit Fahr- oder Flugschreibern automatisch aufgezeichnet. Die Mikroelektronik hat inzwischen kompakte Datenverarbeitungs- und Speicher-geräte möglich gemacht, so daß eine Vielzahl von Parametern mit Hilfe von Multiplexern aufgezeichnet werden können. Nach Ankunft an einem Zielort werden die so erhobenen Daten aus dem Fahrzeug oder dem Flugzeug an den Auswertungsort übertragen und ausgewertet. Damit stehen heute Flugzeugdaten über das individuelle Triebwerk als Teil eines mobilen Systems zur Verfügung. Die Übertragung während des Fluges wurde erprobt und stellte sich dabei als

---

1 vgl. Czeguhn 1987, S. 169ff.
2 vgl. Billen 1982, S. 46; zum Vorgehen bei der Erfassung Mitchell 1981, S. 327ff.
3 vgl. Schmalenbach-Gesellschaft 1974, S. 1ff.
4 zu den technischen Möglichkeiten vgl. Hohmann 1977, S. 5ff.; Brandt 1982, S. 353ff.; Matull 1982, S. 13ff.
5 vgl. Palm 1981, S. 102
6 vgl. ausführlich Schneider-Fresenius 1985, S. 69ff.

nicht zuverlässig genug und als zu aufwendig heraus.[7] Für Schiffsdieselmotoren bietet MAN schon ein Zustandsüberwachungskonzept, COMPEX, an; die Bundesbahn erprobt im ICE ein Eigendiagnose-Subsystem.[8]

Im Bereich der militärischen Luftfahrt kommen seit einigen Jahren PRICE-Kostenschätzmodelle der Firma RCA zum Einsatz. Sie basieren auf Kostenschätzbeziehungen (cost estimation relation) und firmieren unter folgenden Namen[9]:

1. PRICE-H: Ermittlung von Hardwarekosten einzelner Bauteile

2. PRICE-L: Ermittlung von Lebenswegkosten eines Projekts

3. PRICE-M: Ermittlung von Kosten für Bausteine in der Mikroelektronik

4. PRICE-S: Ermittlung von Softwarekosten

5. PRICE-SL: Ermittlung von Software-Lebenswegkosten

Als Beispiel eines PRICE-M-Modells zeigt die Abblildung 46 das verdichtete Ausgabeprotokoll:[10]

---

7 vgl. Dienger 1984; Tykeson 1985; Schneider-Fresenius 1985, S. 220ff.
8 vgl. Rahn 1987, S. 411
9 vgl. Madauss 1985, S. 284
10 Madauss 1985, S. 288

```
                          - - - PRICE 84 - - -
                           ELECTRONIC  ITEM

       DATE 01-JUL-81              TIME 16:49          FILENAME:  LILBK
                                    (331099)

    NAVIGATION SYS. MIL. SPEC.  (STANDARD RUN)     7/1/81

       PRODUCTION QUANTITY      250      UNIT WEIGHT     113.00    MODE             1
       PROTOTYPE QUANTITY       10.0     UNIT VOLUME       2.50    QUANTITY/MHA     1

    UNIT PROD COST    42.00    COST PROCESS FACTOR      0    MONTHLY PROD RATE   11.45
   ------------------------------------------------------------------------------
   | PROGRAM COST($ 1000)     DEVELOPMENT          PRODUCTION          TOTAL COST  |
   |    ENGINEERING                                                                |
   |       DRAFTING               200.                 40.                 241.    |
   |       DESIGN                 742.                120.                 362.    |
   |       SYSTEMS                124.                   -                 124.    |
   |       PROJECT MGMT           209.                703.                 911.    |
   |       DATA                    60.                248.                 308.    |
   |          SUBTOTAL(ENG)      1335.               1111.                2447.    |
   |                                                                              |
   |    MANUFACTURING                                                             |
   |       PRODUCTION               -               10500.               10500.    |
   |       PROTOTYPE             1216.                   -                1216.    |
   |       TOOL-TEST EQ           122.                155.                 278.    |
   |          SUBTOTAL(MFG)      1338.              10655.               11993.    |
   |                                                                              |
   |       TOTAL COST           2673.              11767.               14440.    |
   ------------------------------------------------------------------------------

    DESIGN FACTORS       ELECTRONIC MECHANICAL     PRODUCT DESCRIPTORS
       WEIGHT               53.000*    60.000         ENGINEERING COMPLEXITY   1.225*
       DENSITY              49.000     24.000*        PROTOTYPE SUPPORT        1.0
       MFG. COMPLEXITY       7.900      5.600         PROTO SCHEDULE FACTOR    0.250*
       NEW DESIGN            0.300      0.700         ELECT VOL FRACTION       0.471*
       DESIGN REPEAT         0.400      0.200         PLATFORM                 1.8
       EQUIPMENT CLASS      *****      *****          YEAR OF TECHNOLOGY       1981*
       ENGINEERING CHANGES 0.045*      0.014*         RELIABILITY FACTOR       1.0
       INTEGRATION LEVEL     1.0        1.0           MTBF(FIELD)               121*

    SCHEDULE            START              FIRST ITEM            FINISH
       DEVELOPMENT      JUN 81   ( 15)     AUG 82    ( 10)       JUN 83     ( 25)
       PRODUCTION       JUN 83   ( 14)     JUL 84*   ( 22)       MAY 86     ( 36)

    SUPPLEMENTAL INFORMATION
       YEAR OF ECONOMICS          1981*                TOOLING & PROCESS FACTORS
       ESCALATION                  0.0                    DEVELOPMENT TOOLING    1.00*
       T-1 COST                   92.48*                  PRODUCTION TOOLING     1.00*
       AMORTIZED UNIT COST        47.07*                  RATE TOOLING              0
       DEV COST MULTIPLIER         1.00*                  PRICE IMPROVEMENT FACTOR 0.900
       PROD COST MULTIPLIER        1.00*                  UNIT LEARNING CURVE    0.884*

    COST RANGES               DEVELOPMENT        PRODUCTION          TOTAL COST
       FROM                       2355.             10051.             12406.
       CENTER                     2673.             11767.             14440.
       TO                         3130.             14170.             17300.
```

Abb. 46   Ausgabeprotokoll PRICE

Vor allem aus Geheimhaltungsgründen sind nicht alle Schätzgleichungen bekannt, allerdings kann jeder Nutzer, der ein solches Schätzmodul von RCA mietet, eigene Kalibrierungsparameter beeinflussen und so seine Erfahrungen einbringen. Einschränkend sei darauf hingewiesen, daß solche Verfahren noch nicht mit dem vorgestellten Simulationswerkzeug gekoppelt wurden und daher Meßwerte nur als neue globale Parameter in ein bestehendes Modell eingearbeitet werden können, wenn unterschiedliche Scenarien analysiert und verglichen werden sollen. Daher scheinen diese Modelle hauptsächlich für die ersten Phasen des Lebensweges geeignet zu sein, während sie für die Betriebsphase nur Richtwerte liefern.[11]

---

11 vgl. Davis 1979

Im Marine-Schiffbau werden schon heute lebenswegorientierte Verfahren eingesetzt.[12] Dabei wird von einer standardisierten Kostenstruktur ausgegangen, die eine klare Gliederung aller Teilkosten, eine verbindliche Definition der Leistungsbegriffe,eine eindeutige Abgrenzung der Leistungsbegriffe sowie eine Datenbankorientierung aufweist. Bei der MTG Marinetechnik GmbH wird zusätzlich zwischen einer projektabhängigen (OSKA: Ordnungs- und Speichersystem zur Kostenauswertung) und einer projektunabhängigen (KOKA:Kostenkalkulation) Datenbank unterschieden. Überdies kommt ein rechnergestütztes parametrisches Kostenschätzverfahren SCOPE (Ship Components Optimization Performance Evaluation) zum Einsatz, mit dem aus der Konstruktion die notwendigen Abwägungen unterstützt werden.[13] Erfahrungen, wie mehrere Auftragnehmer bei der Nutzung ein und desselben Lebenswegmodells zusammenarbeiten, sind auch schon belegt.[14] Über die Verwendung von Simulationsansätzen in den einzelnen technischen Einsatzgebieten berichtet die Literatur nicht.

Bei der Entwicklung und Wartung haben Kostenüberschreitungen in der Vergangenheit zu einem anderen Planungsbewußtsein beigetragen: Mit der Anwendung von Lebenswegüberlegungen auf Softwareprojekte hat BOEHM[15] einen Transfer vorgenommen und an die neuen Anforderungen angepaßt. Aufbauend auf einzelnen Ansätzen zur Kostenschätzung[16], zum Arbeitsstrukturplan[17] und zur Substitutionsbeziehung zwischen den Phasen des Lebensweges[18] entwickelt er das Schätzmodell COCOMO.[19]

Neben einer inzwischen teilweise erprobten Methodik der Kostenschätzung unter Einschluß von Simulationsanwendungen kommt eine zweite Entwicklung hinzu. Technische Systeme sind heute ohne entsprechende Software kaum mehr zu betreiben, Teile der früher sogenannten Peripherie wie Meßeinrichtungen sind heute funktionskritisch geworden, weshalb in den Lastenheften potentieller Nutzer die Beschreibung von verlangten Softwareanteilen einen größeren Raum einnimmt. Mit dieser Entwicklung geht die Veränderung vom Anlagenanbieter zum schlagwortartig so genannten "system seller" einher, der die spezifizierbare Leistung eines technischen Systems komplett anbietet.

---

12 vgl. Burmeister 1985, S. 186ff.; zu diesem Thema siehe auch Nielsen 1981
13 vgl. Burmeister 1985, S. 199
14 vgl. Dighton 1980, S. 8-1ff
15 vgl. Boehm 1980, S. 195ff; 1981, S. 30ff.
16 vgl. Brown 1978, S. 47ff.; Stieglitz 1979, S. 23ff.
17 vgl. Tausworthe 1978, S. 156ff.
18 vgl. Thibodeau 1978, S. 70ff.
19 Constructive Cost Modell, vgl. zur Diskussion Schnopp 1985, S. 303ff.

6.2 Chancen in der heutigen Situation

6.2.1 Möglichkeiten der Netzhandhabung

Die Möglichkeit, zusammengehörige Elemente informationstechnisch zu verknüpfen, hat sich mit der Verfügbarkeit von leistungsfähigen Datenverarbeitungsanlagen drastisch gesteigert. Nicht nur konzeptionell sind heute globalere EDV-gestützte Unternehmensmodelle möglich, sie lassen sich evolutionär aus einer Modellkeimzelle entwickeln. Um die Produktivität von Mitarbeitern zu steigern oder um wettbewerbsfähige Technologien einzusetzen, investieren Unternehmen namhafte Beträge.[20] Solche Investitionsvorhaben haben langfristigen Charakter und sind ihrerseits in komplexe Zusammenhänge eingebunden. Daher kommt es entscheidend darauf an, zuverlässige, unter Umständen selbst erhobene oder gemessene Daten einer Beurteilung zugrunde zu legen. Flexible, vor allem erweiterbare Modelle können als Grundlage dienen, um verschiedene Alternativen - Scenarien - zu durchdenken oder zu berechnen.

Anstelle großer, visionärer Entwürfe, die alle Eventualitäten miteinbeziehen, tritt das "integrierbare System", das möglichst "offen" sein sollte, d.h. seinerseits in der Lage sein muß, etwa schon existierende Lösungen zu integrieren.[21]

Die Fähigkeit zur Bildung von Planungsnetzen der geschilderten Art setzt nicht nur Benutzungseinfachheit, Flexibilität, methodischen Reichtum, Datenbankanschluß, Schnelligkeit und Offenheit des Planungssystems[22] voraus, sondern aus wirtschaftlichen Gründen sind auch Gesichtspunkte wie Normierung, Modularität, Mehrfachbenutzbarkeit, Transparenz, Portabilität und Kompatibilität wichtig.[23] Ansatzpunkte hat die Fallstudie[24] ergeben.

6.2.2 Investitionsgüter-Marketing

Das Marketing von technischen Systemen ist durch einige Merkmale[25] zu kennzeichnen, genannt seien hier die Kombination von Hardware, Software und Dienstleistungen, kundenindividuelle Systemerstellung sowie langfristige

---

20 vgl. Zahn 1986, S. 24ff.
21 vgl. Rickert 1981, S. 316; ebenso Sprague 1982, S. 139
22 vgl. Denna 1987, S. 240f.
23 zu den Forschungstendenzen siehe Petri 1987, S. 512ff.
24 vgl. Kapitel 5
25 vgl. Günter 1979, S. 13f.; Engelhardt 1981, S. 94ff.

"Entscheidungs- und Abwicklungsprozesse".[26] Anbieterkoalitionen und hohe Arbeitsteiligkeit erfordern die Abstimmung und Dokumentation von Entscheidungen, die unmittelbare juristische Folgen haben.[27] Wie dargelegt, kann die Dokumentation zum großen Teil in elektronischer Form erfolgen, wenn die verschiedenen Nutzer auf sie zugreifen können. In Abhängigkeit von von ihnen zu erfüllenden Aufgaben können auch Dritte, neben dem Systemanbieter und dem Systemkäufer, das Informationsmodell verwenden. Zu denken ist in diesem Zusammenhang an Consultants.[28]

So finden sich auf dem Investitionsgütermarkt auch unterschiedliche Formen der Arbeitsteilung. Die Möglichkeit zur Verselbständigung einzelner Funktionen, die separate Wahrnehmung der Funktionen miteingeschlossen, wirft selbstverständlich die Frage nach der Verteilung gemeinsam in der Anbieterkoalition erwirtschafteter Überschüsse auf.[29] Daß viele Funktionen auch nicht am Ort des Herstellers oder des Betreibers wahrgenommen werden müssen, sei nur am Rande bemerkt.

6.2.3   Unternehmensplanung und Controlling

Ähnlichkeiten zwischen der Planung von Produkten und der Planung von Instandhaltungsleistungen führen zu dem Vorschlag, das Planungsverfahren "Material Requirements Planning"[30] auch auf die Instandhaltung anzuwenden. Entscheidend für die Planung wird dann die lead time, die zwischen dem Auftreten und der Beseitigung einer Störung vergeht,[31] anders ausgedrückt: die Anlage steht. Mit der automatischen Diagnose, nach Möglichkeit aber mit der permanenten Überwachung über Sensoren, kann das Eintreten einer Störung angekündigt und der Ort sowie die Ursache verzugsarm ermittelt werden.

So wird eine Brücke zwischen den Frühwarnsystemen[32] geschlagen, wobei nicht aggregierte Größen verarbeitet und Maßnahmen angestoßen werden können. Gemeinsames Konzept der Anlagenüberwachung wie der Frühwarnsysteme ist die Auswertung von Beobachtungen von Zuständen, um Änderungen frühzeitig erkennen zu können. Wenn von einem Signal ein gewisser Schwellenwert[33] über-

---

26 vgl. Fischer 1983, S. 25f.
27 vgl Joussen 1981, S. 77ff.
28 vgl. Backhaus 1984, S. 34
29 vgl. Blanning 1982, S. 1ff.
30 Orlicky 1975
31 vgl. Ettkin 1986, S. 52
32 zum Begriff und zur Diskussion vgl Krystek 1987; Müller-Merbach 1979, S. 158f.
33 zur Auswahl vgl. Krystek 1987, S. 152ff.
33 vgl. Männel 1968, S. 14; Bohr 1984, S. 139ff.

schritten wird, werden Steuerungsmöglichkeiten aktiviert, um Störungen ganz zu vermeiden oder die Störungsabwehr vorzubereiten. Prognose- und Simulationsmodelle helfen bei der Vorbeugung gegen Störungen, indem sie im Zeitraffer latente Anfälligkeiten erkennbar machen.

Im betrieblichen Rechnungswesen wird bei der Anlagenbuchhaltung die objektbezogene Abrechnung angestrebt,[34] die ebenfalls Daten für die Disposition liefert,[35] sei es durch eine Kostenabweichungsanalyse oder sei es durch einen Kennziffernvergleich.[36]

Vom Ansatz her können die von RIEBEL[37] angeführten Schwachstellen des Rechnungswesens und der Unternehmensplanung schrittweise beseitigt werden:

- den periodenübergreifenden Vorgängen wird durch eine ereignisorientierte Auswertung permanent erhobener und verfolgter Daten erhöhte Aufmerksamkeit eingeräumt

- objektbezogene Mengen und Zeiten können für Planungszwecke bei Bedarf abgerufen werden

- die integrierte Datenbasis speichert die für Auswertungszwecke bedeutsamen Zeitpunkte der Datenerfassung, um eine erzwungene Synchronisierung über den Kalender zu vermeiden.

Eine Beurteilung des Entwicklungsstandes ergibt, daß im technischen Bereich die Voraussetzungen gegeben sind, um Daten für die lebenswegorientierte Planung eines individuellen technischen Systems zu erheben. Im Einzelfall werden überdies schon Datensätze auf dem Markt angeboten, wie beispielsweise SHELL eine Datenbank für Öldaten unterhält,[38] die vom Konstrukteur oder dem Betreiber eine Anlage befragt werden kann.

Der Betrieb eines EDV-gestützten Planungssystems hängt mittlerweile nicht mehr von dem stationären Betrieb des technischen Systems ab; am Beispiel Flugzeug wurde gezeigt, wie durch Übermittlung von Triebwerksdaten für die Bewirtschaftung ein quasi-stationärer Betrieb ablaufen kann. So sind aggregierten, statistischen Ausgleichseffekten unterliegende Modelldaten nur noch der Ausnahmefall.

---

34 vgl. Männel 1968, S. 14; Bohr 1984, S. 139ff.
35 vgl. Knoop 1986, S. 106ff.
36 vgl. Matzenbacher 1978, S. 32
37 vgl. Riebel 1987, S. 1156ff.
38 vgl. Hengeveld 1987, S. 50ff.

6.3   Perspektive: Ereignisorientierte Unternehmensplanung

Das Denken in Zusammenhängen, wie es die Systemtheorie propagiert, findet in der Vernetzung durch informationstechnische Mittel seine Entsprechung. Ereignisse, die von außen kommen, wie Frühwarnsignale, oder die von innen kommen, wie gemessene Maschinendaten und Kostenabweichungen, können so in der Unternehmensplanung nach Auftreten zu Steuerungszwecken verarbeitet werden. Das Ausmaß von aktuell notwendigen Umplanungen führt zu Auswirkungen im informationellen Planungsnetz,[39] das zur Handhabung von Komplementaritäten dient.[40]

Die Sammlung von zweckmäßig erhobenen Daten[41] durch systematische Auswertung von Ereignissen, bzw. permanente automatische Messung von Zustandsgrößen, sowie die Weiterverarbeitung in netzartig aufgebauten Modellen charakterisiert das Entscheidungsunterstützungssystem für eine ereignisorientierte Unternehmensplanung.

Im Dialog mit dem Planungsmodell können drohende Konflikte identifiziert und durch präventives Handeln vermieden werden. Sollte die zur Planung notwendige Zeit nicht zur Konfliktvermeidung ausreichen, so wird wenigstens Zeit zur Vorbereitung auf die Störungsbeseitigung gewonnen. Möglichkeiten zur Verschiebung von Maßnahmen tragen zur elastischen Abfederung von Störungen bei, die Entwicklung neuer Verhaltensweisen zur Verminderung der Differenz zwischen beabsichtigtem Ziel und dem tatsächlichen Ergebnis.[42]

Allerdings: Bei allem Bemühen[43] bleibt die Fähigkeit zur Lösung von Problemen wie zur Kontrolle des Wandels beschränkt.

---

39 vgl. in anderem Zusammenhang Ihde 1986, S. 19
40 vgl. Ochel 1987, S. 24
41 vgl. z.B. May 1983, S. 338ff.
42 vgl. Witt 1987, S. 176f.
43 vgl. Bühl 1984, S. 208ff.; Frese 1984, S. 210ff.

Anhang

Hinweis:

Im Anhang wird eine LEBENSLAUFAKTE des Modells TURBO dokumentiert.
Bei diesem Lauf wurde die Instandhaltungsstrategie 1 verfolgt; die Ereignisse, die
bei dem regulären Betrieb der modellierten Turbine auftreten wurden aus Gründen der Übersichtlichkeit gerafft. Die entsprechenden Stellen sind durch "* * *"
im Ausdruck gekennzeichnet (weitere Erläuterungen vgl. S. 112 ff.).

```
  0 Jhr   0 Tg  0 Std
Anzahl der Starts =            1


Lastabgabe beginnt
Kalte Verfuegbarkeit =  1.0000000000000E+00
Heisse Verfuegbarkeit =  1.0000000000000E+00



  0 Jhr   0 Tg 20 Std
Anzahl der Starts =            1


Lastabgabe beendet
Kalte Verfuegbarkeit =  1.0000000000000E+00
Heisse Verfuegbarkeit =  1.0000000000000E+00


* * *


  0 Jhr  18 Tg  0 Std
Anzahl der Starts =           19


Lastabgabe beginnt
Kalte Verfuegbarkeit =  1.0000000000000E+00
Heisse Verfuegbarkeit =  8.3333333333333E-01



  0 Jhr  18 Tg  6 Std
Anzahl der Starts =           19


Komponente Lager        meldet Alarm
Kalte Verfuegbarkeit =  1.0000000000000E+00
Heisse Verfuegbarkeit =  8.3561643835616E-01



  0 Jhr  18 Tg 20 Std
Anzahl der Starts =           19


Lastabgabe beendet
Kalte Verfuegbarkeit =  1.0000000000000E+00
Heisse Verfuegbarkeit =  8.0973451327434E-01


* * *


  0 Jhr  20 Tg  0 Std
Anzahl der Starts =           21


Lastabgabe beginnt
Komponente Lager        meldet Aus
Kalte Verfuegbarkeit =  1.0000000000000E+00
Heisse Verfuegbarkeit =  7.6250000000000E-01
```

```
 0 Jhr  21 Tg   0 Std
Anzahl der Starts =            22


Lastabgabe beginnt
Kalte Verfuegbarkeit =  9.5238095238095E-01
Heisse Verfuegbarkeit =  7.2619047619048E-01
Komponente Lager        meldet Erneuerung
Kalte Verfuegbarkeit =  9.5238095238095E-01
Heisse Verfuegbarkeit =  7.2619047619048E-01



 0 Jhr  21 Tg   9 Std
Anzahl der Starts =            22

Komponente Thermo       meldet Alarm
Kalte Verfuegbarkeit =  9.5321637426901E-01
Heisse Verfuegbarkeit =  7.3099415204678E-01


 0 Jhr  21 Tg  20 Std
Anzahl der Starts =            22

Lastabgabe beendet
Kalte Verfuegbarkeit =  9.5419847328244E-01
Heisse Verfuegbarkeit =  7.1564885496183E-01

* * *

 0 Jhr  25 Tg   0 Std
Anzahl der Starts =            26

Lastabgabe beginnt
Komponente Thermo       meldet Alarm
Kalte Verfuegbarkeit =  9.6000000000000E-01
Heisse Verfuegbarkeit =  6.2500000000000E-01


 0 Jhr  25 Tg  20 Std
Anzahl der Starts =            26

Lastabgabe beendet
Komponente Thermo       meldet Aus
Kalte Verfuegbarkeit =  9.6129032258065E-01
Heisse Verfuegbarkeit =  6.0483870967742E-01


 0 Jhr  28 Tg   0 Std
Anzahl der Starts =            27

Lastabgabe beginnt
Komponente Thermo       meldet Erneuerung
Kalte Verfuegbarkeit =  8.9285714285714E-01
Heisse Verfuegbarkeit =  5.5803571428571E-01
```

```
 0 Jhr  28 Tg 20 Std
Anzahl der Starts =            27


Lastabgabe beendet
Kalte Verfuegbarkeit =  8.95595375722543E-01
Heisse Verfuegbarkeit =  5.7080924855491E-01


* * *


 0 Jhr  32 Tg  0 Std
Anzahl der Starts =            31


Lastabgabe beginnt
Kalte Verfuegbarkeit =  9.0625000000000E-01
Heisse Verfuegbarkeit =  5.9244791666667E-01



 0 Jhr  32 Tg 20 Std
Anzahl der Starts =            31


Lastabgabe beendet
Komponente Oelqualitaet meldet Alarm
Kalte Verfuegbarkeit =  9.0862944162437E-01
Heisse Verfuegbarkeit =  6.0279187817259E-01


* * *


 0 Jhr  36 Tg  0 Std
Anzahl der Starts =            35


Lastabgabe beginnt
Komponente Oelqualitaet meldet Alarm
Kalte Verfuegbarkeit =  9.1666666666667E-01
Heisse Verfuegbarkeit =  5.4976851851852E-01



 0 Jhr  36 Tg 12 Std
Anzahl der Starts =            35


Komponente Oelqualitaet meldet Aus
Kalte Verfuegbarkeit =  9.1780821917808E-01
Heisse Verfuegbarkeit =  5.3310502283105E-01



 0 Jhr  36 Tg 14 Std
Anzahl der Starts =            36


Lastabgabe beginnt
Komponente Oelqualitaet meldet Erneuerung
Kalte Verfuegbarkeit =  9.1571753986333E-01
Heisse Verfuegbarkeit =  5.3189066059226E-01
```

```
 O Jhr  36 Tg 20 Std
Anzahl der Starts =              36


Lastabgabe beendet
Kalte Verfuegbarkeit =  9.1628959276018E-01
Heisse Verfuegbarkeit =  5.3506787330317E-01


* * *


 O Jhr  41 Tg  0 Std
Anzahl der Starts =              41


Lastabgabe beginnt
Kalte Verfuegbarkeit =  9.2479674796748E-01
Heisse Verfuegbarkeit =  5.6199186991870E-01



 O Jhr  41 Tg  4 Std
Anzahl der Starts =              41


Komponente Lager         meldet Alarm
Kalte Verfuegbarkeit =  9.2510121457490E-01
Heisse Verfuegbarkeit =  5.6376518218623E-01



 O Jhr  41 Tg 20 Std
Anzahl der Starts =              41


Lastabgabe beendet
Kalte Verfuegbarkeit =  9.2629482071713E-01
Heisse Verfuegbarkeit =  5.5478087649402E-01


* * *


 O Jhr  43 Tg  0 Std
Anzahl der Starts =              43


Lastabgabe beginnt
Komponente Lager         meldet Alarm
Kalte Verfuegbarkeit =  9.2829457364341E-01
Heisse Verfuegbarkeit =  5.3972868217054E-01



 O Jhr  44 Tg  0 Std
Anzahl der Starts =              43


Lastabgabe beginnt
Komponente Lager         meldet Erneuerung
Kalte Verfuegbarkeit =  9.0719696969697E-01
Heisse Verfuegbarkeit =  5.2746212121212E-01
```

```
 0 Jhr  44 Tg 20 Std
Anzahl der Starts =              43


Lastabgabe beendet
Kalte Verfuegbarkeit =  9.0892193308550E-01
Heisse Verfuegbarkeit =  5.3624535315985E-01


* * *

 0 Jhr  48 Tg  0 Std
Anzahl der Starts =              48


Lastabgabe beginnt
Kalte Verfuegbarkeit =  9.1493055555556E-01
Heisse Verfuegbarkeit =  5.5295138888889E-01



 0 Jhr  48 Tg 17 Std
Anzahl der Starts =              48


Komponente Verdichter    meldet Alarm
Kalte Verfuegbarkeit =  9.1616766467066E-01
Heisse Verfuegbarkeit =  5.5945252352438E-01



 0 Jhr  48 Tg 20 Std
Anzahl der Starts =              48


Lastabgabe beendet
Kalte Verfuegbarkeit =  9.1638225255973E-01
Heisse Verfuegbarkeit =  5.5802047781570E-01



 0 Jhr  49 Tg  0 Std
Anzahl der Starts =              49


Lastabgabe beginnt
Komponente Verdichter    meldet Alarm
Kalte Verfuegbarkeit =  9.1666666666667E-01
Heisse Verfuegbarkeit =  5.5612244897959E-01



 0 Jhr  49 Tg 11 Std
Anzahl der Starts =              49


Komponente Thermo        meldet Alarm
Kalte Verfuegbarkeit =  9.1743892165122E-01
Heisse Verfuegbarkeit =  5.4338668913227E-01
```

```
 0 Jhr  49 Tg 20 Std
Anzahl der Starts =            49


Lastabgabe beendet
Kalte Verfuegbarkeit =  9.1806020066890E-01
Heisse Verfuegbarkeit =  5.3929765886288E-01


* * *


 0 Jhr  54 Tg  0 Std
Anzahl der Starts =            54


Lastabgabe beginnt
Komponente Verdichter   meldet Alarm
Komponente Thermo       meldet Alarm
Kalte Verfuegbarkeit =  9.2438271604938E-01
Heisse Verfuegbarkeit =  4.2052469135802E-01



 0 Jhr  54 Tg  2 Std
Anzahl der Starts =            54


Komponente Thermo       meldet Aus
Kalte Verfuegbarkeit =  9.2449922958398E-01
Heisse Verfuegbarkeit =  4.0600924499230E-01



 0 Jhr  56 Tg  2 Std
Anzahl der Starts =            55


Lastabgabe beginnt
Komponente Thermo       meldet Erneuerung
Komponente Verdichter   meldet Alarm
Kalte Verfuegbarkeit =  8.9153046062407E-01
Heisse Verfuegbarkeit =  3.9153046062407E-01



 0 Jhr  56 Tg 20 Std
Anzahl der Starts =            55


Lastabgabe beendet
Kalte Verfuegbarkeit =  8.9296187683284E-01
Heisse Verfuegbarkeit =  3.8636363636364E-01



 0 Jhr  57 Tg  0 Std
Anzahl der Starts =            56


Lastabgabe beginnt
Komponente Verdichter   meldet Alarm
Kalte Verfuegbarkeit =  8.9327485380117E-01
Heisse Verfuegbarkeit =  3.8523391812865E-01
```

```
 0 Jhr  57 Tg 15 Std
Anzahl der Starts =              56


Komponente Verdichter    meldet Aus
Kalte Verfuegbarkeit =  8.9443239334779E-01
Heisse Verfuegbarkeit =  3.7744034707158E-01



 0 Jhr 127 Tg 15 Std
Anzahl der Starts =              57

Lastabgabe beginnt
Komponente Verdichter    meldet Erneuerung
Kalte Verfuegbarkeit =  4.0385243225596E-01
Heisse Verfuegbarkeit =  1.7042115572968E-01



 0 Jhr 127 Tg 20 Std
Anzahl der Starts =              57

Lastabgabe beendet
Kalte Verfuegbarkeit =  4.0482398956975E-01
Heisse Verfuegbarkeit =  1.7177314211213E-01

* * *

 0 Jhr 134 Tg  0 Std
Anzahl der Starts =              64

Lastabgabe beginnt
Komponente Lager        meldet Alarm
Kalte Verfuegbarkeit =  4.3221393034826E-01
Heisse Verfuegbarkeit =  2.0118159203980E-01



 0 Jhr 134 Tg 20 Std
Anzahl der Starts =              64

Lastabgabe beendet
Kalte Verfuegbarkeit =  4.3572311495674E-01
Heisse Verfuegbarkeit =  1.9993819530284E-01



 0 Jhr 135 Tg  0 Std
Anzahl der Starts =              65

Lastabgabe beginnt
Komponente Lager        meldet Alarm
Kalte Verfuegbarkeit =  4.3641975308642E-01
Heisse Verfuegbarkeit =  1.9969135802469E-01
```

```
 0 Jhr 135 Tg 17 Std
Anzahl der Starts =              65


Komponente Lager         meldet Aus
Kalte Verfuegbarkeit =  4.3936137549893E-01
Heisse Verfuegbarkeit =  1.9772797052502E-01



 0 Jhr 136 Tg 17 Std
Anzahl der Starts =              66


Lastabgabe beginnt
Komponente Lager         meldet Erneuerung
Kalte Verfuegbarkeit =  4.3614751600122E-01
Heisse Verfuegbarkeit =  1.9628162145687E-01



 0 Jhr 136 Tg 20 Std
Anzahl der Starts =              66


Lastabgabe beendet
Kalte Verfuegbarkeit =  4.3666260657734E-01
Heisse Verfuegbarkeit =  1.9701583434836E-01

* * *

 0 Jhr 140 Tg  0 Std
Anzahl der Starts =              70


Lastabgabe beginnt
Kalte Verfuegbarkeit =  4.4940476190476E-01
Heisse Verfuegbarkeit =  2.1041666666667E-01



 0 Jhr 140 Tg 14 Std
Anzahl der Starts =              70


Komponente Oelqualitaet meldet Alarm
Kalte Verfuegbarkeit =  4.5168938944873E-01
Heisse Verfuegbarkeit =  2.1369294605809E-01



 0 Jhr 140 Tg 20 Std
Anzahl der Starts =              70


Lastabgabe beendet
Kalte Verfuegbarkeit =  4.5266272189349E-01
Heisse Verfuegbarkeit =  2.1331360946746E-01


* * *
```

```
  0 Jhr 144 Tg  0 Std
Anzahl der Starts =              74


Lastabgabe beginnt
Komponente Oelqualitaet meldet Alarm
Kalte Verfuegbarkeit =  4.6469907407407E-01
Heisse Verfuegbarkeit =  2.0862268518519E-01



  0 Jhr 144 Tg  6 Std
Anzahl der Starts =              74


Komponente Oelqualitaet meldet Aus
Kalte Verfuegbarkeit =  4.6562680531485E-01
Heisse Verfuegbarkeit =  2.0421721548238E-01



  0 Jhr 144 Tg  8 Std
Anzahl der Starts =              75


Lastabgabe beginnt
Komponente Oelqualitaet meldet Erneuerung
Kalte Verfuegbarkeit =  4.6535796766744E-01
Heisse Verfuegbarkeit =  2.0409930715935E-01



  0 Jhr 144 Tg 20 Std
Anzahl der Starts =              75


Lastabgabe beendet
Kalte Verfuegbarkeit =  4.6720368239356E-01
Heisse Verfuegbarkeit =  2.0684695051784E-01

* * *

  0 Jhr 147 Tg  0 Std
Anzahl der Starts =              78


Lastabgabe beginnt
Kalte Verfuegbarkeit =  4.7505668934240E-01
Heisse Verfuegbarkeit =  2.1513605442177E-01



  0 Jhr 147 Tg 13 Std
Anzahl der Starts =              78


Komponente Thermo       meldet Alarm
Kalte Verfuegbarkeit =  4.7698390285230E-01
Heisse Verfuegbarkeit =  2.1801750917820E-01
```

```
  0 Jhr 147 Tg 20 Std
Anzahl der Starts =           78


Lastabgabe beendet
Kalte Verfuegbarkeit =  4.7801578354002E-01
Heisse Verfuegbarkeit =  2.1758737316798E-01


* * *

  0 Jhr 152 Tg  0 Std
Anzahl der Starts =           83


Lastabgabe beginnt
Komponente Thermo       meldet Alarm
Kalte Verfuegbarkeit =  4.9232456140351E-01
Heisse Verfuegbarkeit =  2.1162280701754E-01



  0 Jhr 152 Tg  4 Std
Anzahl der Starts =           83


Komponente Thermo       meldet Aus
Kalte Verfuegbarkeit =  4.9288061336254E-01
Heisse Verfuegbarkeit =  2.0700985761227E-01



  0 Jhr 154 Tg  4 Std
Anzahl der Starts =           84


Lastabgabe beginnt
Komponente Thermo       meldet Erneuerung
Kalte Verfuegbarkeit =  4.8648648648649E-01
Heisse Verfuegbarkeit =  2.0432432432432E-01



  0 Jhr 154 Tg 20 Std
Anzahl der Starts =           84


Lastabgabe beendet
Kalte Verfuegbarkeit =  4.8869752421959E-01
Heisse Verfuegbarkeit =  2.0775026910657E-01

* * *

  0 Jhr 156 Tg  0 Std
Anzahl der Starts =           86


Lastabgabe beginnt
Kalte Verfuegbarkeit =  4.9252136752137E-01
Heisse Verfuegbarkeit =  2.1153846153846E-01
```

```
 0 Jhr 156 Tg 17 Std
Anzahl der Starts =              86


Komponente Lager        meldet Alarm
Kalte Verfuegbarkeit =  4.94815520872108E-01
Heisse Verfuegbarkeit =  2.15102366639192E-01



 0 Jhr 156 Tg 20 Std
Anzahl der Starts =              86


Lastabgabe beendet
Kalte Verfuegbarkeit =  4.9521785334750E-01
Heisse Verfuegbarkeit =  2.14930922454835E-01

* * *

 0 Jhr 158 Tg  0 Std
Anzahl der Starts =              88


Lastabgabe beginnt
Komponente Lager        meldet Alarm
Kalte Verfuegbarkeit =  4.9894514767932E-01
Heisse Verfuegbarkeit =  2.1334388185654E-01



 0 Jhr 158 Tg 12 Std
Anzahl der Starts =              88


Komponente Lager        meldet Aus
Kalte Verfuegbarkeit =  5.0052576235542E-01
Heisse Verfuegbarkeit =  2.1056782334385E-01



 0 Jhr 159 Tg 12 Std
Anzahl der Starts =              89


Lastabgabe beginnt
Komponente Lager        meldet Erneuerung
Kalte Verfuegbarkeit =  4.9738766980146E-01
Heisse Verfuegbarkeit =  2.0924764890282E-01



 0 Jhr 159 Tg 20 Std
Anzahl der Starts =              89


Lastabgabe beendet
Kalte Verfuegbarkeit =  4.9843587069864E-01
Heisse Verfuegbarkeit =  2.1089676746611E-01

* * *
```

```
 0 Jhr 173 Tg  0 Std
Anzahl der Starts =              103


Lastabgabe beginnt
Kalte Verfuegbarkeit =  5.3660886319846E-01
Heisse Verfuegbarkeit =  2.5746628131021E-01



 0 Jhr 173 Tg  5 Std
Anzahl der Starts =              103


Komponente Turbostufe    meldet Alarm
Kalte Verfuegbarkeit =  5.3716622564349E-01
Heisse Verfuegbarkeit =  2.5835939379360E-01



 0 Jhr 173 Tg 20 Std
Anzahl der Starts =              103


Lastabgabe beendet
Kalte Verfuegbarkeit =  5.3883029721956E-01
Heisse Verfuegbarkeit =  2.5743048897411E-01

* * *

 0 Jhr 175 Tg  0 Std
Anzahl der Starts =              105


Lastabgabe beginnt
Komponente Turbostufe    meldet Alarm
Kalte Verfuegbarkeit =  5.4190476190476E-01
Heisse Verfuegbarkeit =  2.5571428571429E-01



 0 Jhr 175 Tg 13 Std
Anzahl der Starts =              105


Komponente Thermo        meldet Alarm
Kalte Verfuegbarkeit =  5.4331830049846E-01
Heisse Verfuegbarkeit =  2.5326370757180E-01



 0 Jhr 175 Tg 20 Std
Anzahl der Starts =              105


Lastabgabe beendet
Kalte Verfuegbarkeit =  5.4407582938389E-01
Heisse Verfuegbarkeit =  2.5284360189573E-01
```

```
 0 Jhr 176 Tg  0 Std
Anzahl der Starts =            106


Lastabgabe beginnt
Komponente Turbostufe   meldet Alarm
Komponente Thermo       meldet Alarm
Kalte Verfuegbarkeit =  5.4450757575758E-01
Heisse Verfuegbarkeit =  2.4786931818182E-01



 0 Jhr 176 Tg 12 Std
Anzahl der Starts =            106


Komponente Verdichter   meldet Alarm
Kalte Verfuegbarkeit =  5.4579792256846E-01
Heisse Verfuegbarkeit =  2.4527856468366E-01



 0 Jhr 176 Tg 20 Std
Anzahl der Starts =            106

Lastabgabe beendet
Kalte Verfuegbarkeit =  5.4665409990575E-01
Heisse Verfuegbarkeit =  2.4481621112158E-01



 0 Jhr 177 Tg  0 Std
Anzahl der Starts =            107

Lastabgabe beginnt
Komponente Turbostufe   meldet Alarm
Komponente Verdichter   meldet Alarm
Komponente Thermo       meldet Alarm
Kalte Verfuegbarkeit =  5.4708097928437E-01
Heisse Verfuegbarkeit =  2.3516949152542E-01



 0 Jhr 177 Tg  8 Std
Anzahl der Starts =            107

Komponente Oelqualitaet meldet Alarm
Kalte Verfuegbarkeit =  5.4793233082707E-01
Heisse Verfuegbarkeit =  2.3190789473684E-01



 0 Jhr 177 Tg 18 Std
Anzahl der Starts =            107

Komponente Lager        meldet Alarm
Kalte Verfuegbarkeit =  5.4899203000469E-01
Heisse Verfuegbarkeit =  2.3089545241444E-01
```

```
 0 Jhr 177 Tg 20 Std
Anzahl der Starts =              107


Lastabgabe beendet
Kalte Verfuegbarkeit =  5.4920337394564E-01
Heisse Verfuegbarkeit =  2.3078725398313E-01


* * *

 0 Jhr 179 Tg  0 Std
Anzahl der Starts =              109


Lastabgabe beginnt
Komponente Turbostufe   meldet Alarm
Komponente Verdichter   meldet Alarm
Komponente Thermo       meldet Alarm
Komponente Oelqualitaet meldet Alarm
Komponente Lager        meldet Alarm
Kalte Verfuegbarkeit =  5.5214152700186E-01
Heisse Verfuegbarkeit =  1.9203910614525E-01



 0 Jhr 179 Tg 12 Std
Anzahl der Starts =              109


Komponente Lager        meldet Aus
Kalte Verfuegbarkeit =  5.5338904363974E-01
Heisse Verfuegbarkeit =  1.8964716805942E-01



 0 Jhr 180 Tg 12 Std
Anzahl der Starts =              110


Lastabgabe beginnt
Komponente Lager        meldet Erneuerung
Komponente Turbostufe   meldet Alarm
Komponente Verdichter   meldet Alarm
Komponente Thermo       meldet Alarm
Komponente Oelqualitaet meldet Alarm
Kalte Verfuegbarkeit =  5.5032317636196E-01
Heisse Verfuegbarkeit =  1.8305632502308E-01



 0 Jhr 180 Tg 20 Std
Anzahl der Starts =              110


Lastabgabe beendet
Kalte Verfuegbarkeit =  5.5115207373272E-01
Heisse Verfuegbarkeit =  1.8271889400922E-01
```

```
 0 Jhr 181 Tg  0 Std
Anzahl der Starts =            111


Lastabgabe beginnt
Komponente Turbostufe    meldet Alarm
Komponente Verdichter    meldet Alarm
Komponente Thermo        meldet Alarm
Komponente Oelqualitaet meldet Alarm
Kalte Verfuegbarkeit =  5.5156537753223E-01
Heisse Verfuegbarkeit =  1.6873848987109E-01



 0 Jhr 181 Tg  4 Std
Anzahl der Starts =            111


Komponente Thermo        meldet Aus
Kalte Verfuegbarkeit =  5.51977920883316E-01
Heisse Verfuegbarkeit =  1.6490340386385E-01



 0 Jhr 183 Tg  4 Std
Anzahl der Starts =            112


Lastabgabe beginnt
Komponente Thermo        meldet Erneuerung
Komponente Turbostufe    meldet Alarm
Komponente Verdichter    meldet Alarm
Komponente Oelqualitaet meldet Alarm
Kalte Verfuegbarkeit =  5.4595086442220E-01
Heisse Verfuegbarkeit =  1.5582347588717E-01



 0 Jhr 183 Tg 20 Std
Anzahl der Starts =            112


Lastabgabe beendet
Komponente Oelqualitaet meldet Aus
Kalte Verfuegbarkeit =  5.4759746146872E-01
Heisse Verfuegbarkeit =  1.5525838621940E-01



 0 Jhr 184 Tg  0 Std
Anzahl der Starts =            113


Lastabgabe beginnt
Komponente Oelqualitaet meldet Erneuerung
Komponente Turbostufe    meldet Alarm
Komponente Verdichter    meldet Alarm
Kalte Verfuegbarkeit =  5.4755434782609E-01
Heisse Verfuegbarkeit =  1.5058876811594E-01
```

```
 0 Jhr 184 Tg 20 Std
Anzahl der Starts =            113

Lastabgabe beendet
Kalte Verfuegbarkeit =  5.4959422903517E-01
Heisse Verfuegbarkeit =  1.4990982867448E-01

* * *

 0 Jhr 186 Tg  0 Std
Anzahl der Starts =            115

Lastabgabe beginnt
Komponente Turbostufe   meldet Alarm
Komponente Verdichter   meldet Alarm
Kalte Verfuegbarkeit =  5.5241935483871E-01
Heisse Verfuegbarkeit =  1.4000896057348E-01


 0 Jhr 186 Tg 10 Std
Anzahl der Starts =            115

Komponente Verdichter   meldet Aus
Kalte Verfuegbarkeit =  5.5341975860527E-01
Heisse Verfuegbarkeit =  1.3746088511399E-01


 0 Jhr 256 Tg 10 Std
Anzahl der Starts =            116

Lastabgabe beginnt
Komponente Verdichter   meldet Erneuerung
Komponente Turbostufe   meldet Alarm
Kalte Verfuegbarkeit =  4.0233994150146E-01
Heisse Verfuegbarkeit =  9.9935001624959E-02


 0 Jhr 256 Tg 20 Std
Anzahl der Starts =            116

Lastabgabe beendet
Kalte Verfuegbarkeit =  4.0330953926022E-01
Heisse Verfuegbarkeit =  9.9772874756652E-02

* * *

 0 Jhr 268 Tg  0 Std
Anzahl der Starts =            128

Lastabgabe beginnt
Komponente Turbostufe   meldet Alarm
Kalte Verfuegbarkeit =  4.2817164179104E-01
Heisse Verfuegbarkeit =  9.5615671641791E-02
```

148

```
 0 Jhr 268 Tg 13 Std
Anzahl der Starts =            128


Komponente Turbostufe    meldet Aus
Kalte Verfuegbarkeit =   4.29325058818464E-01
Heisse Verfuegbarkeit =  9.4336695112490E-02



 0 Jhr 352 Tg 13 Std
Anzahl der Starts =            129

Lastabgabe beginnt
Komponente Turbostufe    meldet Erneuerung
Kalte Verfuegbarkeit =   3.27029901902855E-01
Heisse Verfuegbarkeit =  7.1859118307529E-02



 0 Jhr 352 Tg 20 Std
Anzahl der Starts =            129

Lastabgabe beendet
Kalte Verfuegbarkeit =   3.27586206896558E-01
Heisse Verfuegbarkeit =  7.2626358053850E-02

* * *

 0 Jhr 354 Tg  0 Std
Anzahl der Starts =            131

Lastabgabe beginnt
Kalte Verfuegbarkeit =   3.29802259887018E-01
Heisse Verfuegbarkeit =  7.4741054613936E-02



 0 Jhr 354 Tg  6 Std
Anzahl der Starts =            131

Komponente Lager         meldet Alarm
Kalte Verfuegbarkeit =   3.30275229357808E-01
Heisse Verfuegbarkeit =  7.53940249353098E-02



 0 Jhr 354 Tg 20 Std
Anzahl der Starts =            131

Lastabgabe beendet
Kalte Verfuegbarkeit =   3.31376232973238E-01
Heisse Verfuegbarkeit =  7.5270079849695E-02

* * *
```

```
  O Jhr 356 Tg  O Std
Anzahl der Starts =          133


Lastabgabe beginnt
Komponente Lager        meldet Alarm
Kalte Verfuegbarkeit =  3.3356741573034E-01
Heisse Verfuegbarkeit =  7.5023408239700E-02



  O Jhr 356 Tg  1 Std
Anzahl der Starts =          133

Komponente Lager        · meldet Aus
Kalte Verfuegbarkeit =  3.3364540667057E-01
Heisse Verfuegbarkeit =  7.2791105909889E-02



  O Jhr 357 Tg  1 Std
Anzahl der Starts =          134

Lastabgabe beginnt
Komponente Lager        meldet Erneuerung
Kalte Verfuegbarkeit =  3.3271093476485E-01
Heisse Verfuegbarkeit =  7.2587233049364E-02



  O Jhr 357 Tg 20 Std
Anzahl der Starts =          134

Lastabgabe beendet
Kalte Verfuegbarkeit =  3.3418723800652E-01
Heisse Verfuegbarkeit =  7.4639031206334E-02



  O Jhr 358 Tg  O Std
Anzahl der Starts =          135

Lastabgabe beginnt
Kalte Verfuegbarkeit =  3.3449720670391E-01
Heisse Verfuegbarkeit =  7.4604283054004E-02



  O Jhr 358 Tg 13 Std
Anzahl der Starts =          135

Komponente Thermo       meldet Alarm
Kalte Verfuegbarkeit =  3.3550261475886E-01
Heisse Verfuegbarkeit =  7.6002324230099E-02
```

```
   0 Jhr 358 Tg 20 Std
Anzahl der Starts =              135


Lastabgabe beendet
Kalte Verfuegbarkeit =  3.3604273107292E-01
Heisse Verfuegbarkeit =  7.5940548072457E-02


* * *


   1 Jhr   0 Tg  0 Std
Anzahl der Starts =              137


Lastabgabe beginnt
Komponente Thermo        meldet Alarm
Kalte Verfuegbarkeit =  3.3819444444444E-01
Heisse Verfuegbarkeit =  7.5694444444444E-02



   1 Jhr   0 Tg 14 Std
Anzahl der Starts =              137


Komponente Pumpe         meldet Alarm
Kalte Verfuegbarkeit =  3.3926507973192E-01
Heisse Verfuegbarkeit =  7.4878668823665E-02



   1 Jhr   0 Tg 20 Std
Anzahl der Starts =              137


Lastabgabe beendet
Kalte Verfuegbarkeit =  3.3972286374134E-01
Heisse Verfuegbarkeit =  7.4826789838337E-02


* * *


   1 Jhr   3 Tg  0 Std
Anzahl der Starts =              140


Lastabgabe beginnt
Komponente Thermo        meldet Alarm
Komponente Pumpe         meldet Alarm
Kalte Verfuegbarkeit =  3.4366391184573E-01
Heisse Verfuegbarkeit =  6.7493112947658E-02



   1 Jhr   3 Tg  4 Std
Anzahl der Starts =              140


Komponente Thermo        meldet Aus
Kalte Verfuegbarkeit =  3.4396512161542E-01
Heisse Verfuegbarkeit =  6.5626434144103E-02
```

```
 1 Jhr   5 Tg  4 Std
Anzahl der Starts =            141


Lastabgabe beginnt
Komponente Thermo        meldet Erneuerung
Komponente Pumpe         meldet Alarm
Kalte Verfuegbarkeit =  3.4208124144226E-01
Heisse Verfuegbarkeit =  6.5267001369238E-02



 1 Jhr   5 Tg 20 Std
Anzahl der Starts =            141


Lastabgabe beendet
Kalte Verfuegbarkeit =  3.4328018223235E-01
Heisse Verfuegbarkeit =  6.5148063781321E-02

* * *

 1 Jhr  10 Tg  0 Std
Anzahl der Starts =            146


Lastabgabe beginnt
Komponente Pumpe         meldet Alarm
Kalte Verfuegbarkeit =  3.50675675675 68E-01
Heisse Verfuegbarkeit =  6.4414414414414E-02



 1 Jhr  10 Tg 20 Std
Anzahl der Starts =            146


Lastabgabe beendet
Komponente Oelqualitaet meldet Alarm
Kalte Verfuegbarkeit =  3.5213483146067E-01
Heisse Verfuegbarkeit =  6.4269662921348E-02

* * *

 1 Jhr  14 Tg  0 Std
Anzahl der Starts =            150


Lastabgabe beginnt
Komponente Pumpe         meldet Alarm
Komponente Oelqualitaet meldet Alarm
Kalte Verfuegbarkeit =  3.5762032085561E-01
Heisse Verfuegbarkeit =  5.4812834224599E-02



 1 Jhr  14 Tg 12 Std
Anzahl der Starts =            150


Komponente Oelqualitaet meldet Aus
Kalte Verfuegbarkeit =  3.5847797062750E-01
Heisse Verfuegbarkeit =  5.3849577214063E-02
```

```
 1 Jhr  14 Tg 14 Std
Anzahl der Starts =          151


Lastabgabe beginnt
Komponente Oelqualitaet meldet Erneuerung
Komponente Pumpe        meldet Alarm
Kalte Verfuegbarkeit =  3.5839822024472E-01
Heisse Verfuegbarkeit =  5.3837597330367E-02



 1 Jhr  14 Tg 20 Std
Anzahl der Starts =          151


Lastabgabe beendet
Kalte Verfuegbarkeit =  3.5882614495331E-01
Heisse Verfuegbarkeit =  5.3801689639840E-02

* * *

 1 Jhr  17 Tg  0 Std
Anzahl der Starts =          154


Lastabgabe beginnt
Komponente Pumpe        meldet Alarm
Kalte Verfuegbarkeit =  3.6251105216622E-01
Heisse Verfuegbarkeit =  5.3492484526967E-02



 1 Jhr  17 Tg  1 Std
Anzahl der Starts =          154


Komponente Lager        meldet Alarm
Kalte Verfuegbarkeit =  3.6258150071831E-01
Heisse Verfuegbarkeit =  5.1386893579401E-02



 1 Jhr  17 Tg 20 Std
Anzahl der Starts =          154


Lastabgabe beendet
Kalte Verfuegbarkeit =  3.6391707101897E-01
Heisse Verfuegbarkeit =  5.1279223643582E-02



 1 Jhr  18 Tg  0 Std
Anzahl der Starts =          155


Lastabgabe beginnt
Komponente Pumpe        meldet Alarm
Komponente Lager        meldet Alarm
Kalte Verfuegbarkeit =  3.6419753086420E-01
Heisse Verfuegbarkeit =  4.9052028218695E-02
```

```
 1 Jhr  18 Tg 20 Std
Anzahl der Starts =            155

Lastabgabe beendet
Komponente Lager       meldet Aus
Kalte Verfuegbarkeit =  3.6559612846458E-01
Heisse Verfuegbarkeit =  4.8944126704795E-02


 1 Jhr  20 Tg  0 Std
Anzahl der Starts =            156

Lastabgabe beginnt
Komponente Lager       meldet Erneuerung
Komponente Pumpe       meldet Alarm
Kalte Verfuegbarkeit =  3.6491228070175E-01
Heisse Verfuegbarkeit =  4.8793859649123E-02


 1 Jhr  20 Tg 20 Std
Anzahl der Starts =            156

Lastabgabe beendet
Kalte Verfuegbarkeit =  3.6630196936543E-01
Heisse Verfuegbarkeit =  4.8687089715536E-02

* * *

 1 Jhr  26 Tg  0 Std
Anzahl der Starts =            162

Lastabgabe beginnt
Komponente Pumpe       meldet Alarm
Kalte Verfuegbarkeit =  3.7478411053541E-01
Heisse Verfuegbarkeit =  4.8035405872193E-02


 1 Jhr  26 Tg 15 Std
Anzahl der Starts =            162

Komponente Thermo      meldet Alarm
Kalte Verfuegbarkeit =  3.7579480547473E-01
Heisse Verfuegbarkeit =  4.7418902899019E-02


 1 Jhr  26 Tg 20 Std
Anzahl der Starts =            162

Lastabgabe beendet
Kalte Verfuegbarkeit =  3.7613097802671E-01
Heisse Verfuegbarkeit =  4.7393364928910E-02

* * *
```

```
 1 Jhr  29 Tg  0 Std
Anzahl der Starts =            165


Lastabgabe beginnt
Komponente Thermo        meldet Alarm
Komponente Pumpe         meldet Alarm
Kalte Verfuegbarkeit =  3.7960582690660E-01
Heisse Verfuegbarkeit =  4.0702656383890E-02



 1 Jhr  29 Tg  7 Std
Anzahl der Starts =            165


Komponente Verdichter   meldet Alarm
Kalte Verfuegbarkeit =  3.8007064112170E-01
Heisse Verfuegbarkeit =  3.9280744942738E-02



 1 Jhr  29 Tg 20 Std
Anzahl der Starts =            165


Lastabgabe beendet
Kalte Verfuegbarkeit =  3.8093202223172E-01
Heisse Verfuegbarkeit =  3.9226165027790E-02

* * *

 1 Jhr  31 Tg  0 Std
Anzahl der Starts =            167


Lastabgabe beginnt
Komponente Verdichter   meldet Alarm
Komponente Thermo       meldet Alarm
Komponente Pumpe        meldet Alarm
Kalte Verfuegbarkeit =  3.8277919863598E-01
Heisse Verfuegbarkeit =  3.0583972719523E-02



 1 Jhr  31 Tg  6 Std
Anzahl der Starts =            167


Komponente Thermo        meldet Aus
Komponente Pumpe         meldet Aus
Kalte Verfuegbarkeit =  3.8317358892439E-01
Heisse Verfuegbarkeit =  2.7582534611289E-02
```

```
 1 Jhr  33 Tg  6 Std
Anzahl der Starts =              168

Lastabgabe beginnt
Komponente Thermo        meldet Erneuerung
Komponente Pumpe         meldet Erneuerung
Komponente Verdichter    meldet Alarm
Kalte Verfuegbarkeit =  3.8122483577029E-01
Heisse Verfuegbarkeit =  2.7442254714982E-02


 1 Jhr  33 Tg 20 Std
Anzahl der Starts =              168

Lastabgabe beendet
Turbine außerdienstgestellt
Kalte Verfuegbarkeit =  3.8214134574693E-01
Heisse Verfuegbarkeit =  2.7401608125264E-02
```

Ackoff, R.W.: Creating the Corporate Future, New York, 1981

AGARD: Methodology for Control of Life Cycle Costs for Avionics Systems, AGARD-LS-100, 1979

AGARD: Design to Cost and Lige Cycle Cost, AGARD-CP-289, 1980

AGARD: The Application to Design to Cost and Life Cycle Cost to Aircraft Engines, AGARD-LS-107, 1980

Alanche P. et al.: PSI: A Petri Net Based Simulation for Flexible Manufactoring Systems in: Goos, G./ Hartmanis J., Advances in Petri Nets, S. 1-14, 1985

Albach, H.:Zur Theorie des wachsenden Unternehmens, in: Krelle, W., Theorien des einzelwirtschaftlichen und gesamtwirtschaftlichen Wachstums, S. 9ff., Berlin, 1965

Allianz-Versicherungs A.G.(Hrsg): Handbuch der Schadensverhütung, 3.neu bearbeitete und erweiterte Auflage, Berlin, München, Düsseldorf, 1984

Ascher, H.: Regression Analysis of Repairable Systems Reliability, in: Skwirzynski, J.K., Electronic Systems Effectiveness and Life Cycle Costing, S. 120ff, Berlin, Heidelberg, New York, 1983

Ashby, W.R.: An Introduction to Cybernetics, London, 1961

Ashby, W.R.: Variety, Constraint, and the Law of Requisite Variety, in: Buckley, W., Modern Systems Research..., S. 129-142, Chicago, 1972

Atkin R.: Multidimensional Man, Hammandsworth, Middlesex, 1981

Ausschuß für Anlagentechnik im Verein Deutscher Eisenhüttenleute (Hrsg): Anlagentechnik in der Stahlindustrie, Düsseldorf, 1979

Backhaus, K. (Hrsg): Planung im industriellen Anlagengeschäft, Düsseldorf, 1984

Barlow, R.E./Proschan,F.: Mathematical Theory of Reliability, 2nd printing, New York u.a., 1965

Bea, F. X.: Theoretische Fundierung einer simulativen Investitionsplanung, in: Bea et al., Investition, S. 342-369, 1981

Bea, F. X. et al. (Hrsg): Investition, München, Wien, 1981

Bechmann, A.: Grundlagen der Planungstheorie und Planungsmethodik, Bern, 1981

Beck, J.V./Arnold, K.J.: Parameter Estimation in Engineering and Science, New York, London, Sidney, Toronto, 1977

Beensen, R.: Komplexitätsbeherrschung in den Wirtschaftswissenschaften, Berlin, 1970

Beer, S.: Diagnosing the System for Organizations, Chichester, New York, u.a., 1985

Bender, P.S.: Resource Management, New York, u.a., 1982

Bergmann, W.: Die Zeitstrukturen sozialer Systeme, Berlin, 1981

Biedermann, H.: Erfolgsorientierte Instandhaltung durch Kennzahlen, Köln, 1985

Billen, F.: Das BDE-System als Teil eines umfassenden Informationssystems, in: VDI-Berichte Nr. 465, S. 45-51, Düsseldorf, 1982

Bircher, B.: Langfristige Unternehmensplanung, Bern, 1976

Bircher, B./Krieg, W.: Systemmethodik und langfristige Unternehmensplanung, Industrielle Organisation, Band 42, Heft 4, 1973

Blanchard, B.S.: Logistics Engineering and Management, Englewood Cliffs, N.J., 1974

Blanchard, B.S.: Design and Manage to Life Cycle Cost, Portland, Oregon, 1978

Blanchard, B.S.: Logistics Engineering and Management, 2nd Edition, Englewood Cliffs, N.J., 1981

Blanning, R.W./Kleindorfer,P.R./Sankar,C.: A Theory of Multistage Contractual Incentives with Application to Design-to-Cost, Naval Research Logistics Quarterly, Vol.29, No.1, March 1982, S. 1-18, 1982

Bloech, J.(Hrsg): Industrielles Management, Göttingen, 1986

Boehm, B.W.: Software Engineering Economics, Englewood Cliffs, N.J., 1981

Boehm, B.W./Wolverton, R.W.: Software Cost Modeling: Some Lessons Learned ,Journal of Systems and Software, 1,3,1980, S. 195-201, 1980

BORIS 2.0, Benutzerhandbuch, SIEMENS A.G., München 1987

Bohr, K./Schwab, H.: Überlegungen zu einer Theorie der Kostenrechnung, Zeitschrift für Betriebswirtschaft, 54, Nr.2, S. 139ff, 1984

Boulding, K.: A Reconstruction of Economics, New York, 1950

Boyce, M.P.: Gas Turbine Engineering Handbook, Houston, London,u.a., 1982

Brandt, H./Dietrich, E.: Lagebericht Diagnose an Werkzeugmaschinen und Fertigungsüberwachung, Werkstatt und Betrieb, 115.Jg., 1982, Heft 6, S. 353-363, 1982

Branin, F.H./Huseyin, K. (Hrsg): Problem Analysis in Science and Engineering, London, 1977

Brauer, W./Reisig, W. et al (Hrsg): Petri Nets: Applications and Relationships to Other Models of Concurrency, Berlin, Heidelberg, New York, 1987

Bretzke, W.-R.: Der Problembezug von Entscheidungsmodellen, Tübingen, 1980

Brockhoff, K.: A Test for the Product Life Cycle, in: Econometrica, Vol. 35, S. 472ff., 1967

Bronner, A.: Kostenzielvorgabe und mitlaufende Kalkulation als Dienstleistung der Wertanalyse für die Entwicklung, VDI-Berichte Nr.430, S. 157-169, 1981

Brose, P.: Planung, Bewertung und Kontrolle technologischer Innovationen, Berlin, 1982

Brown, J.R.: Modelling, Measuring and Managing Software Cost, Proceedings Software Life Cycle Management Workshop, S. 47-51, Atlanta, 1978

Bryan, N.S. et al.: A New Life-Cycle Cost Model: Flexible, Interactive and Conversational, Defense Management, 16(1980)3, S. 2-7, 1980

Bühl, W.L.: Krisentheorien, Darmstadt, 1984

Burmeister, H.P.: Kostenplanung von Waffensystemen unter Einsatz spezieller Rechnerprogramme für den Marine-Schiffbau, in: Hofmann, H.W.: Kosten in der Verteidigungsplanung, S. 186ff., München, 1985

Burmeister, M.H.: Cost Estimating Models, National Defense, May-June, S. 59-62, 1981

Carson, J.C.: Validity, Industrial Engineering, 6, 1986

Casti, J.: Connectivity, Complexity and Catastrophe in Large-Scale Systems, Chichester, 1979

Cerwenka, P./Rommerskirchen, S.: Zur Beweisnot des Güterverkehrsprognostikers - eine Kurskorrektur, ZfV 57.Jg.(1986) Nr.4, S. 267-272, 1986

Chenery, H.B.: Engineering Production Functions, in: The Quarterly Journal of Economics, Volume LXIII, S. 507-531, Cambridge, Mass., 1949

Christmann, K.: Gewinnverbesserung durch Wertanalyse, Stuttgart, 1973

Codd, E.F.: A Relational Model for Large Shared Data Banks, Communications of the ACM, Vol 13, Nr.6, S. 377-387, 1970

Collacott, R.A.: Mechanical Fault Diagnosis and Condition Monitoring, London, 1977

Corder, A.S.: Maintenance Management Techniques, London, 1976

Czeguhn, K./Franzen, H.: Die rechnergestützte Integration betrieblicher Informationssysteme auf der Basis der Betriebsdatenerfassung, ZfbF 39(2/1987), S. 169-181, 1987

DKIN: Grundzüge der Organisation einer Instandhaltungsabteilung, Düsseldorf, 1982

Daenzer, W.F.: Systems Engineering, 3.Aufl., Zürich, 1982

Dahmen, U.: Die wirtschaftliche Nutzungsdauer von Anlagen unter
   Berücksichtigung von Instandhaltungsmaßnahmen, Meisenhain am Glan, 1975

Davis, W.R./Wysowski, J.R.: A Summary and Analysis of the Logistics Support
   Cost Model Application to the ACF F16 Weapons System Aquisition, Air
   Force Inst. of Tech. Wright-Patterson AFB OH School, 1979

Denna, E.L./McCarthy, W.I.: An Events Accounting Foundation for DSS
   Implementation, in: Holsapple, Decision Support Systems, S. 239-264, 1987

Department of Defense: Acqusition of Major Defense Systems, Department of
   Defense Directive 5000.1, Washington D.C., 1971

Department of Defense: Work Breakdown Structure for Defense Material Items,
   MIL-STD-881, Washington D.C., 1975

Department of Defense: Design to Cost, Department of Defense Directive
   Number 5000.28, Washington D.C., 1975

Deutsch, K.W.: Politische Kybernetik, Freiburg, 1970

Deutsch, K.W./Fritsch, B.: Zur Theorie der Vereinfachung von Komplexität in
   der Datenverarbeitung für Weltmodelle, Königstein, 1980

Dienger, G.: Der Prüfstand fliegt mit - Triebwerkszustandsüberwachung beim
   Airbus A 310 der Lufthansa, Jahrestagung der DGLR - Hamburg - 1.-
   3.Oktober 1984, Hamburg, 1984

Dighton, R.D.: The Hornet Program - A Design of Life Cycle Cost Case Study,
   in:AGARD-CP-289, S. 8-1 - 8-12, 1980

Dodson, E.N.: Life Cycle Cost Analysis: Concepts and Procedures, in: AGARD-
   LS-100, S. 2-1 - 2-28, 1979

Dreger, W.: Systemzuverlässigkeit und Soll-Leistungen, Industrielle Organisation
   43(1974)Nr.10, S. 455-460, 1974

Dreger, W.: Betriebliche Instandhaltung besser im Griff, io Management
   Zeitschrift 55(1986)Nr.5, S. 249-252, 1986

Drucker, P.: The Age of Discontinuity - Guideline to Our Changing Society,
   London, 1969

Dyllick-Brenzinger, T.: Gesellschaftliche Instabilität und Unternehmensführung,
   Dissertation HSG, Bern, 1982

Ederer, O.: Die Ermittlung des optimalen Ersatztermins von Anlagen unter
   Verwendung optimaler Reparaturgrenzen, Forum Academicum, 1980

Ehrlenspiel, K.: Kostengünstig Konstruieren, Berlin, 1985

Eichler, C.: Instandhaltungstechnik, Berlin, 1977

Engelhardt, W.H./Günter, B.: Investitionsgüter - Marketing, Stuttgart, Berlin,
   Köln, Mainz, 1981

Engels, W.: Betriebswirtschaftliche Bewertungslehre im Licht der
   Entscheidungstheorie, Köln, Opladen, 1962

Ernst, D.: Chancen mit Chips: Zwischenbilanz einer Basistechnologie, Berlin, München, 1984

Eschenröder, G.: Planungsaspekte einer resourcenorientierten Informationswirtschaft, Bergisch Gladbach, 1985

Ettkin, L.P./ Jahnig, D.G.: Adapting MRP II For Maintenance Resource Management Can Provide a Strategic Advantage, Industrial Engineering Vol. 18, Heft 8, 1986, S. 50ff., 1986

Faubel, J.: Modulare Betriebskostenvorausberechnung bei der Planung von Chemieanlagen, Düsseldorf, 1985

Feldbrugge, F./Jensen, K.: Petri Net Tool Overview 1986, in: Brauer, Petri Nets, S. 20-61, 1987

Fischer, H.: Produktionsbezogene Kooperationen zwischen dem Hersteller und dem Verwender individuell gefertigter Maschinen, Frankfurt, 1983

Fischer, D./Huber, R.H.: Kosten als Kriterium der Verteidigungsplanung, in: Hofmann, H.W., Kosten in der Verteidigungsplanung, S. 25ff., 1985

Fishman, G.S.: Principles of Discrete Event Simulation, New York, 1978

Flume, W.: Schweiz: LEOPARD 2 vorn, WT 2/83, S. 80-82, 1983

Frese, E.: Grundlagen der Organisation, 2. Auflage, Wiesbaden, 1984

Frey, B.S.: Verteidigung in mikroökonomischer Betrachtung, ASMZ Nr.7/8/1980, S. 389-409, 1980

Furtek, F.C.: The Logic of Systems, PhD-Thesis Cambridge, Mass., 1976

Gälweiler, A.: Determinanten des Zeithorizontes in der Unternehmensplanung, in: Hahn/Taylor, Strategische Unternehmensplanung, S. 195-212, 1983

Ganzhorn, K.E./Schulz, K.M./Walter, W.: Datenverarbeitungssysteme, Berlin, Heidelberg, New York, 1981

Gericke, E.: Verfügbarkeitsberechnung für komplexe Fertigungseinrichtungen, Berlin, Heidelberg, New York, 1981

Gernert, D.: Inkrementelle Modellbildung und Formalismen zur Abschreibung des Strukturwandels in offenen Systemen, in: Kornwachs (Hrsg), Offenheit-Zeitlichkeit-Komplexität, S. 18ff, 1984

Girault, C./Reisig, W. (Hrsg): Application and Theory of Petri Nets, Informatik-Fachberichte Nr. 52, Berlin, Heidelberg, New York, 1982

Godbersen, H.: On the Problem of Time in Nets, in: Girault,C., Application and Theory of Petri Nets, S. 23-30, 1982

Goos, G./Hartmanis, J.(Hrsg): Advances in Petri Nets 1984, Lecture Notes in Computer Science Nr. 188, Berlin, Heidelberg, New York, 1985

Grabow, B.: Betriebliche Instandhaltung, Frankfurt, 1986

Grant, J.W./Weiner, S.A.: Graphic Animation, Industrial Engineering, 8, 1986

Grochla, E.: Modelle als Instrumente der Unternehmensführung, ZfbF, 21.Jg. (1969), S. 382ff, 1969

Grochla, E.: Systemtheoretisch-kybernetische Modellbildung betrieblicher Systeme, in: Grochla, E.: Systemtheorie und Betrieb, S.1-22, 1974

Grochla, E.: Grundlagen der organisatorischen Gestaltung, Stuttgart, 1982

Grochla, E./Fuchs, H./Lehmann, H.(Hrsg): Systemtheorie und Betrieb, ZfbF-Sonderheft 3/74, 1974

Grothus, H.: Schadensfreie Anlagen-Konstruktion, Institut für Anlagentechnik, Dorsten, 1970

Grothus, H.: Schadensgerechte Konstruktion technischer Anlagen, Industrielle Organisation 40(1971)Nr.5, S. 216-223, 1971

Günter, B.: Das Marketing von Großanlagen, Berlin, 1979

Guntram, U.: Die Allgemeine Systemtheorie, ZfB 55.Jg.(1985) Heft 3, S. 298-323, 1985

Gupta, Y.P.: Life Cycle Cost Models and Associated Uncertainties, in: Skwirzynski, J.K., Electronic Systems Effectiveness and Life Cycle Costing, S. 533ff., Berlin, Heidelberg, New York, 1983

Gutenberg, E.: Grundlagen der Betriebswirtschaftslehre - Erster Band: Die Produktion, (1.Aufl.,1951) 17.Aufl., Berlin, Heidelberg, New York, 1970

Gzuk, R.: Messung der Effizienz von Entscheidungen, in: Pfohl et al., Wirtschaftliche Meßprobleme, S. 37-57, 1977

Haberfellner, R.: Die Unternehmung als dynamisches System, 2.Auflage, Zürich, 1975

Hablitzel, H./Sander, H.H.: Wertanalyse in der Fahrzeugentwicklung, VDI-Berichte Nr.293,1977, S. 157-179, 1977

Hack, M.H.T.: Analysis of Production Schemata by Petri-Nets, Cambridge, Mass., 1972

Hahn, D./Taylor, B.: Strategische Unternehmensplanung, 2. erw. Aufl., Würzburg, Wien, 1983

Hahner, A.: Qualitätskostenrechnung als Informationssystem zur Qualitätsrechnung, München, Wien, 1981

Hall, A.D.: A Methodology for System Engineering, Princeton, 1962

Haupt, R.: Produktionstheorie und Ablaufmanagement, Stuttgart, 1987

Hax, H.: Entscheidungsmodelle in der Unternehmung / Einführung in Operations Research, Reinbek bei Hamburg, 1974

Hayder, S.W./Banks, J.: Manufacturing Systems, Industrial Engineering, 7, 1986

Hayek, F.A. von: Die Theorie komplexer Phänomene, Tübingen, 1972

Heck, K.: Bestimmungsfaktoren und Struktur des Prozesses der Planung der
Instandhaltungskosten, Dissertation Dortmund, Dortmund, 1980

Heinen, E.: Kosten und Kostenrechnung, Wiesbaden, 1975

Heinen, E.: Grundlagen betriebswirtschaftlicher Entscheidungen - das
Zielsystem der Unternehmung, 3.Auflage, Wiesbaden, 1976

Hengeveld, J./Heron, B.: Evaluation of Marine Diesel Engine Lubricant
Performance Using a Large Analytical Database, Schiff und
Hafen/Kommandobrücke, Heft 7/1987, 39.Jg., S. 50-56, 1987

Henize, J.: Critical Issues in Evaluating Socio-Economic Models, in: Ören et al.:
Simulation and Model-Based Methodologies, S. 557-590, 1984

Herbst, A.: Capital Budgeting, New York, 1982

Herzig, N.: Die theoretischen Grundlagen betrieblicher Instandhaltung,
Meisenheim am Glan, 1975

Heskett, J.L.: Managing in the Service Economy, Boston, Mass., 1986

Hettich, R.: Produkthaftung, München, Münster, 1986

Heuer, W.-H.: Muß alles immer teurer werden?, Europäische Wehrkunde/WWR
9/85, S.502ff, 1985

Hilke, W.: Zur Länge des Planungszeitraumes in dynamischen Modellen, in:
Jacob, H., Neue Aspekte der betrieblichen Planung, S. 99ff., 1980

Höhn, S.: Der Einsatz der Informationstechnik für Planung und Kontrolle, ZfB
55 Jg.(1985), H.5, S. 515-541, 1985

Hofer, C.W./Schendel,D.: Strategy Formulation: Analytical Concepts, St.Paul,
1978

Hofmann, H.W./Schelle, H.(Hrsg): Kosten in der Verteidigungsplanung,
München, 1985

Hofmeister, K.D./Stingelwagner, K.H.: Technische Dokumentation ist
Bestandteil des Marketingkonzepts, Energie und Automation, 9(1987), Heft 1,
S. 8-11, 1987

Hohmann, H.: Automatische Überwachung und Fehlerdiagnose an
Werkzeugmaschinen, Dissertation TH Darmstadt, Darmstadt, 1977

Holsapple, C.W./Whinston, A.B.: Decision Support Systems: Theory and
Application, Berlin, Heidelberg, New York, 1987

Hubka, V.: Theorie der Maschinensysteme, Berlin, Heidelberg, New York, 1973

Ihde, G.B.: Wirtschaftlicher Strukturwandel und industrielle Betriebsgrößen, in:
Bloech, J., Industrielles Management, S. 1-20, 1986

Ihde, G.B./Eybl, D./Merkel, H.: Zur "Operational Time" in logistischen
Prozessen, in: Proceedings in Operations Research, Band 9, S. 136-143,
Würzburg, Wien, 1980

Jacob, H.(Hrsg): Neue Aspekte der betrieblichen Planung, Wiesbaden, 1980

Johnson, R.R.: The Relationship between Time and Information, in: Girault, Application and Theory of Petri Nets, S. 74-81, 1982

Jonas, H.: Das Prinzip Verantwortung, Frankfurt, 1984

Jones, E.J.: Design to Life Cycle Costs Interaction of Engine and Aircraft, in: AGARD-LS-107, S. 3-1 - 3-15, 1980

Joussen, P.: Der Industrieanlagenvertrag, Heidelberg, 1981

Kahle, E.: Betriebliche Entscheidungen, München, Wien, 1981

Kelton, W.D.: Statistics, Industrial Engineering, 9,1986, 1986

Kilger, W.: Flexible Plankostenrechnung, 5. Aufl., Köln, 1972

Kilger, W.: Einführung in die Kostenrechnung, Köln, 1976

Kimberley, J.R./Miles, R.H.: The Organizational Life Cycle, San Francisco, London, 1980

Kirkpatrick, C.L.: Taking the Sting out of Hornet Support Costs, Defense Management 20(1984)1, S. 3-7, 1984

Klaus, G./Liebscher, H. (Hrsg): Wörterbuch der Kybernetik, Frankfurt, 1979

Knight, C.R.: Warranties as a Life Cycle Cost Management Tool, Defense Management Journal, January 1976, S. 23-28, 1976

Knoop, J.: Online-Kostenrechnung für die CIM-Planung, Berlin, 1986

Koch, H.: Planungssysteme bei unvollständigem Entscheidungsfeld, ZfB 47.Jg. (1970), Heft 6, S. 353-384, 1970

Koenig, H.E./Edens, T.C.: Energy, Ecology and Economics: Elements of a Thermodynamically Based Economy, in: Branin u.a., Problem Analysis in Science and Engineering, S. 283ff., 1977

Köppl, B.J.: Rüstungsmanagement und Verteidigungsfähigkeit der NATO, Dissertation München, Straubing, München, 1979

Kornwachs, K. (Hrsg): Offenheit, Zeitlichkeit, Komplexität, Frankfurt, 1984

Kottsieper, H.: Begriffe und Zielsetzung der Anlagenwirtschaft, in: Ausschuß für Anlagentechnik: Anlagentechnik in der Stahlindustrie, S. 214-221, 1979

Krallmann, H.: Expertensysteme als notwendige Voraussetzungen für CIM-Realisierungen, in: Zahn: Technologie-Management, S. 115-142, 1986

Kreikebaum, H.: Strategische Unternehmensplanung, 2. Aufl., Stuttgart, Berlin, Köln, Mainz, 1987

Krüger, H.-G.: Kostenbeziehung zwischen der Instandhaltung und der Ersatzteilbevorratung, VDI-Bericht Nr.474, 1982, S. 9-40, 1982

Krupp, A.D.: Instandhaltungsorientierte Wirkungsanalyse von numerisch
gesteuerten Fertigungssystemen mit Hilfe eines biologisch-systemtechnischen
Modells, Fortschrittsberichte VDI, Düsseldorf, 1983

Kruschwitz, L.: Investitionsrechnung, 2.Aufl., Berlin, 1985

Krystek, U.: Unternehmungskrisen, Wiesbaden, 1987

Kühn, R.: Grundzüge eines heuristischen Verfahrens zur Erarbeitung von
Planungskonzeptionen, DBW 45(1985)5, S. 531-543, 1985

Kuhn, R.L. (Hrsg): Commercializing Defense Related Technology, New York,
1984

Laak, H. van: Die Bedeutung der Instandhaltung, Werkstatt und Betrieb
116(1983)1, S. 33-36, 1983

Langner, P.: Zero-Base Budgeting und Sunset Legislation, Baden-Baden, 1983

Law, A.M.: Introduction to Simulation, Industrial Engineering, 5,1986, 1986

Leidig, W./Seiler, H.: Kriterienrechner für die rechnerunterstützte Diagnose in
Kraftwerken, Siemens Energie & Automation 7(1985)Heft 6, S. 404-408,
1985

Lewandowski, K.: Instandhaltungsgerechte Konstruktion, Köln, 1985

Lewis, R.B. et al.: U.S.Army Design to Cost Experience, in: AGARD-CP-289,
S. 3-1 -3-11, 1980

Lientz, B.P./Swanson, E.B.: Software Maintenance Management, Phillipineo,
1980

Lockemann, P.C./Mayr, H.C.: Rechnergestützte Informationssysteme, Berlin,
Heidelberg, New York, 1978

Luhmann, N.: Die Knappheit der Zeit und die Vordringlichkeit des Befristeten,
in: Die Verwaltung, 1.Band 1968, Heft 1/4, S. 3-30, 1968

Luhmann, N.: Zweckbegriff und Systemrationalität, Frankfurt, 1973

Luhmann, N.: Der politische Code, Zeitschrift für Politik, Band 21, S. 253-271,
1974

Luhmann, N.: The Future Cannot Begin, Social Research, 43(1976), S. 130ff.,
1976

MBB: Technische Zuverlässigkeit, Berlin, Heidelberg, New York, 1971

Madauss, B.J.: Erfahrungen mit standardisierten Kostenschätzmodellen - das
Beispiel PRICE, in: Hofmann, H.W.: Kosten in der Verteidigungsplanung, S.
280ff., München, 1985

Männel, W.: Wirtschaftlichkeitsfragen der Anlagenerhaltung, Wiesbaden, 1968

Maier, H./Nett, M.: Konfigurations- und Versionsmanagement für Software-
Systeme, in: Schwärtzel, Informatik in der Praxis, S. 515-520, 1986

Maier, K.: Die Flexibilität betrieblicher Leistungsprozesse, Dissertation Mannheim, Mannheim, 1982

Matull, E.: Rechnergeführte Gewinnung von Verfügbarkeitsdaten zur Nutzungssteigerung automatischer Großanlagen, Dissertation TU Hannover, Hannover, 1982

Matzenbacher, H.J.: Konzeption eines als Auslöser geeigneten Kennzahlenmodells zur Überwachung und Steuerung der Organisation, Frankfurt, 1978

May, R.J. et al.: Tactical Aircraft Engine Usage - A Statistical Study, J.Aircraft, Vol.20,No.4, April 1983, S. 338-344, 1983

McCoy, T.W.: Planning Today for Tomorrow's Environment, in: Kuhn,Commercializing Defense Related Technology, S. 124ff., 1984

Meffert, H.: Größere Flexibilität als Unternehmenskonzept, ZfbF 37 (2/1985), S. 121-137, 1985

Menge, H.: Hand- und Schulwörterbuch Griechisch-Deutsch, 9.Auflage, Berlin, 1913

Mertens, P.: Simulation, 2.neu bearbeitete Aufl., Stuttgart, 1982

Meyer, C.: Kostenermittlungen im Planungs-, Programmierungs- und Budgetierungs-System, Dissertation Universität Zürich, Zürich, 1973

Michlin, V.M.: Restnutzungsdauer-Prognose, Berlin, 1982

Middelmann, U.: Planung der Anlageninstandhaltung, Wiesbaden, 1977

Milling, P.: Informationstechnologie als Wettbewerbsfaktor, IBM Nachrichten 37 (1987) Heft 289, S. 11-17, 1987

Mitchell, J.S.: Machinery Analysis and Monitoring, Tulsa, Oklahoma, 1981

Mitroff, I.I. et al.: On Managing Science in the Systems Age: Two Schemas for the Study as a Whole Systems Phenomenon, Interfaces Vol.4, No.3, May 1974, S. 46-58, 1974

Mössner, G.U.: Planung flexibler Unternehmensstrategien, München, 1982

Moliére, F. de: Prinzipien des Modellentwurfs, Dissertation TU Darmstadt, Darmstadt, 1984

Mosel, H.A. von der: Grundlagen der Logistik beim Kauf medizinischer Geräte, Krankenhaus-Umschau 10/83, S. 738-744, 1983

Moser, J.: Systematische Investitionsplanung, Berlin, Heidelberg, New York, 1985

Mrva, M./Stobbe, C./Zorn, S.: Modellierung und Simulation bei informationstechnischen Systemen, in: Schwärtzel, H.: Informatik in der Praxis, S. 68-78, 1986

Müller-Merbach, H.: Datenursprungsbezogene Alarmsysteme, ZfB-Ergänzungsheft 2/1979, S. 151ff., 1979

Müller-Reißmann, K.F.: Die schwindende Wandlungsfähigkeit der Industriegesellschaft, Frankfurter Hefte 34.Jg(1979) Heft 5, S. 13-26, 1979

Naylor, R.: The Computer Simulation Experiments with Models of Economic Systems, New York, 1972

Nelson, J.R.: Life-Cycle Analysis of Aircraft Turbine Engines, Santa Monica, CA., 1977

Neubürger, K.W.: Risikobeurteilung bei strategischen Unternehmensentscheidungen, Stuttgart, 1980

Neumann, B. de: Life Cycle Cost Models, in: Skwirzynski, J.K., Electronic Systems Effectiveness and Life Cycle Costing, S. 513ff., Berlin, Heidelberg, New York, 1983

Nielsen, V.D./Shahal, H.: Application of Life Support Cost, Provisioning and Repair Discard Models to Weapon System Procurement Decisions, Naval Postgraduate School, Monterey, Ca., 1981

Nowlan, F.S.: Reliability-Centered Maintenance, in: AGARD-CP-289, S. 16-1 - 16-13, 1980

Noé, P.: Analyse der Entscheidungsinterdependenzen zwischen der Instandhaltung und ausgewählten Unternehmensbereichen, Frankfurt, Bern, 1984

Ochel, W.: Produzentendienstleistungen: Auch in Europa ein wichtiger Wachstumsbereich, ifo-Schnelldienst 14-15/87, S. 20-31, 1987

Ören, T.I./Zeigler, B.P./Elzas, M.S.(Hrsg): Simulation and Model-Based Methodologies: An Integrated View, Berlin, Heidelberg, New York, 1984

Orlicky, J.: Material Requirements Planning, New York u.a., 1975

Ortner, W.: Kosteneinschätzung im frühen Projektstadium bei Kampfflugzeugen, in: Saynisch et al.: Projektmanagement, S. 273-291, 1979

Ostwald, P.F.: Cost Estimating for Engineering and Management, Englewood Cliffs, N.J., 1974

Page, B.: Der Gültigkeitsnachweis von komplexen Simulationsmodellen, Angewandte Informatik 4/83, S. 149-157, 1983

Palm, W.: Die Instandhaltung von Maschinen und maschinellen Anlagen im Industriebetrieb, Frankfurt, 1981

Patzak, G.: Systemtechnik - Planung komplexer innovativer Systeme: Grundlagen, Methoden, Techniken, Berlin, Heidelberg, New York, 1982

Peters, T.J./Waterman, R.H.: Auf der Suche nach Spitzenleistungen, 4.Aufl., Landsberg, 1983

Peterson, J.L.: Petri Nets, Computer Surveys, Vol 9(1977), Nr.3, S. 223-252, 1977

Petri, C.A.: Kommunikation mit Automaten, Dissertation TH Darmstadt, Bonn, 1962

Petri, C.A.: "Forgotten Topics" of Net Theory, in: Brauer: Petri Nets, S. 500-514, 1987

Pfeiffer, W./Bischof, P.: Projektlebenszyklen als Basis der Unternehmensplanung, ZfB 44.Jg.(1974), Nr.10, S. 635-666, 1974

Pfohl, H.-C./Rürup, B. (Hrsg): Wirtschaftliche Meßprobleme, Köln, 1977

Platz, H.P.: Die Überwindung informationswirtschaftlicher Engpässe in der Unternehmung, Berlin, 1980

Raffée, H.: Grundprobleme der Betriebswirtschaftslehre, Göttingen, 1974

Rahn, T.: Intercity-Expreß - Stand der Entwicklung, Die Bundesbahn 5/1987, S. 409-413, 1987

Ravenal, E.C.: Defining Defense - The 1985 Military Budget, Washington DC., 1984

Rechenberg, I.: Evolutionsstrategie - Optimierung technischer Systeme nach Prinzipien der biologischen Evolution, Stuttgart, 1973

Reinermann, H.: Programmbudget in Regierung und Verwaltung, Baden-Baden, 1975

Reisig, W.: Systementwurf mit Netzen, Berlin, Heidelberg, New York, Tokyo, 1985

Reisig, W.: Systementwurf mit Petri-Netzen, Computer Magazin 3/86, S. 81-87, 1986

Rickert, R.: Investitionsplanung und Methodenbank, in: Bea et al.: Investition, S. 314ff., 1981

Riebel, P.: Einzelkosten- und Deckungskostenbeitragsrechnung, 2. erw. Aufl., Köln, 1976

Riebel, P.: Überlegungen zur Integration von Unternehmensplanung und Unternehmensrechnung, ZfB 57.Jg.(1987), Heft 12, S. 1154-1168, 1987

Rieper, B.: Hierarchische betriebliche Systeme, Wiesbaden 1979

Rieper, B.: Hierarchische Entscheidungsmodelle in der Produktionswirtschaft, ZfB 55.Jg.(1985), Heft. 8, S. 770-789, 1985

Rinne, W.: Untersuchungen über optionale Präventivstrategien in der Instandhaltung, Zeitschrift für Operations Research Band 17, 1973, S. B13-B24, Würzburg, 1973

Ropohl, G.: Flexible Fertigungssysteme, Mainz, 1971

Ropohl, G.: Eine Systemtheorie der Technik, München, 1979

Rosenstengel, B.: Entwicklung eines Netz-Modells zur Erfassung einer petrochemischen Produktion, Bergisch Gladbach, Köln, 1985

Rosenthaler, C.E.: Projektänderung und Teuerung: Zwei kritische Einflüsse auf die Baukostenverfolgung, in: GPM INTERNET, Projektmanagement, S. 415-426, 1985

Roski, R.: Planungsrelevante Aggregatskosten, ZfB 57.Jg.(1987), Heft 5/6, S. 526-545, 1987

Saaty, T.L./Kearns, K.P.: Analytical Planning, Oxford, New York, Toronto, Sidney, Frankfurt, 1985

Sargent, R.G.: Simulation Model Validation, in: Ören et al.: Simulation and Model-Based Methodologies, S. 537-555, 1984

Sassone, P.G./Schaffer, W.A.: Cost-Benefit Analysis, New York, San Francisco, London, 1978

Saynisch, M.: Grundlagen des phasenweisen Projektablaufes, in Saynisch, Projektmanagement, S. 33-58, 1979

Saynisch, M.: Konfigurationsmanagement - Entwurfssteuerung, Dokumentation und Änderungen im ganzheitlichen Projektmanagement, Köln, 1984

Saynisch, M./Schelle, H./Schub, A.: Projektmanagement, München, Wien, 1979

Schaefer, R.E.: Denken: Informationsverarbeitung, mathematische Modelle und Computersimulation, Berlin, Heidelberg, New York, Tokyo, 1985

Scheer, A.-W.: EDV-orientierte Betriebswirtschaftslehre, Heidelberg, Berlin, New York, Tokyo, 1984

Scheer, A.-W.: EDV-orientierte Betriebswirtschaftslehre, ZfB 54.Jg.(1984) Heft. 11, S. 1116-1135, 1984

Schmalenbach-Gesellschaft AK Instandhaltung, Instandhaltung - Ein Management-Problem, Köln, Opladen, 1974

Schneeweiß, C.: Elemente einer Theorie betriebswirtschaftlicher Modellbildung, ZfB 54. Jg.(1984) Heft 5, S. 480-504, 1984

Schneider-Fresenius, W. (Hrsg): Technische Fehlerfrühdiagnose-Einrichtungen, München, Wien, 1985

Schnopp, R.: Schätzung von Software-Entwicklungs- und -Wartungsaufwand, in: Hofmann, H.W.: Kosten in der Verteidigungsplanung, S. 303ff., München, 1985

Schulz, E./Uetz, H.: Instandhaltungsgerechtes Konstruieren von Fertigungseinrichtungen, Berlin, Köln, 1978

Schulz, W.: Philosopie der veränderten Welt, Pfullingen, 1972

Schwärtzel, H. (Hrsg): Informatik in der Praxis, Berlin, Heidelberg, New York, 1986

Seldon, M.R.: Life Cycle Costing: A Better Method of Government Procurement, Boulder, Colorado, 1979

Selig, G.J.: Strategic Planning for Information Resource Management, Ann Arbor, Michigan, 1983

Shannon, R.E.: Systems Simulation - the Art and Science, Englewood Cliffs, N.J., 1975

Siller, H.: Grundsätze des ordnungsmäßigen strategischen Controlling, Wien, 1985

Siebert, H.: Ökonomische Theorie der Umwelt, Tübingen, 1978

Simon, H.A.: Wie lösen wir schlecht-strukturierte Probleme?, DBW 40(1980)3, S. 337-345, 1980

Skwirzynski, J.K.: Electronic Systems Effectiveness and Life Cycle Costing, Berlin, Heidelberg, New York, 1983

Sommer, K.: Steuerung projektlogistischer Systeme mit Hilfe der netzorienterten formalen Sprache LCS, München, 1986

Sprague, R.H./Carlson, E.D.: Building Effective Decision Support Systems, Englewood Cliffs, N.J., 1982

Stepan, A.: Die Struktur von Investitionsproblemen bei Berücksichtigung meßbarer Verschleißprozesse und Kriterien für den Anlagenersatz, ZfB 52.Jg.(1982)Heft 5, S. 426-441, 1982

Stieglitz, M.H. et al.: Minimizing Air Launched Cruise Missile Software Life Cycle Cost, Proceedings, AIAA Second,Computers in Aerospace Conference, S. 23-32, New York, 1979

Strauss, K.W.: Die Planung der Instandhaltungsstrategien für individuelle Fertigungsanlagen, Münster, 1982

Szyperski, N./Winand, U.: Entscheidungstheorie, Stuttgart, 1974

Takacs, E.L.: Grundlagen zur Erstellung eines Instandhaltungskonzeptes, Industrielle Organisation 40(1971)Nr.5, S. 205-210, 1971

Tausworthe, R.C.: The Work Breakdown Structure in Software Project Management, Proceedings Software Life Cycle Management Workshop, S. 156-161, Atlanta, 1978

Teichmann, H.: Der optimale Planungshorizont, ZfB 45.Jg.(1975)Nr.3, S. 295-312, 1975

Thibodeau, R./Dodson, E.N.: The Implications of Life Cycle Phase Interrelationships for Software Cost Estimating, Proceedings Software Life Cycle Management Workshop, S. 70-76, Atlanta, 1978

Thomas, U.: Estimation of the Life Cycle Costs of Complex Technical Systems, Z.Flugwiss.Weltraumforsch. 7(1983) Heft 3, S. 213-220, 1983

Thompson, R.H.: Cost Discipline, Army Research, Development & Acquisition Magazine, 23.Jg.(1982) Heft 6, S. 14f, 1982

Thomopoulos, N.T.: Applied Forecasting Methods, Englewood Cliffs, N.J., 1980

Thumm, R.: Funktionspläne, ein Hilfsmittel zur Modellbildung von Materialflussystemen, Dissertation TH Karlsruhe, Karlsruhe, 1983

Tichy, N.M.: Managing Strategic Change, New York, London, 1983

Traupel, W.: Thermische Turbomaschinen, Band 1, Berlin, Heidelberg, New York, 1977

Traupel, W.: Thermische Turbomaschinen, Band 2, Berlin, Heidelberg, New York, 1982

Trier, B.: Die Theorie der parallelen Prozesse als Instrument zur Modellierung und Simulation soziotechnischer Systeme, Dissertation Stuttgart, Stuttgart, 1977

Tykeson T.N./Dienger, G.: Engine Condition Monitoring through Aids - Two System Perspectives ATA E&M - October 2-4, 1985 - Kansas City, Missouri, 1985

Uetz, H.U.: Bewertung der Instandhaltung von Fertigungssystemen in der technischen Investitionsplanung, Berlin, Heidelberg, New York, 1986

Ulrich, H./Krieg, W.: Das St.Gallener Management-Modell, Bern, 1972

VDA: Zuverlässigkeitssicherung bei Automobil-Herstellern und Lieferanten, Frankfurt, 1976

VDI (Hrsg): Wertananlyse 1981 - Frankfurter Tagung, Düsseldorf, 1981

VDI (Hrsg): Betriebsdaten: Vorgehen - Erfassen - Verarbeiten, VDI-Berichte Nr.465, Düsseldorf, 1982

Wäscher, D.: Gemeinkosten-Management im Material- und Logistik-Bereich, ZfB 57.Jg.(1987),Heft 3, S. 297-315, 1987

Warnecke, H.J.: Die Bedeutung der Instandhaltung in: Warnecke,,H.J., Instandhaltung, S. 1-14, 1981

Warnecke, H.J.(Hrsg): Instandhaltung - Grundlagen, Köln, 1981

Wassermann, R.: Instandhaltung aus Unternehmersicht, 10jähriges Jubiläum des Deutschen Komitees für Instandhaltung, 10. Oktober 1980, Wiesbaden, 1980

Wedekind, H.: Strukturveränderung im Rechnungswesen unter dem Einfluß der Datenbanktechnologie, ZfB 50.Jg. 1980, Heft 6, 1980

Wehrt, H.: Offene Systeme und Zeitstruktur, in: Kornwachs, K., Offenheit-Zeitlichkeit-Komplexität, S. 414ff., 1984

Weiber, R.: Die Nachfrage nach Dienstleistungen im internationalen Anlagengeschäft, 2.Aufl., Arbeitspapiere zur BWL des industriellen Anlagengeschäfts, Mainz, 1985

Wild, J.: Grundlagen der Unternehmensplanung, Hamburg, 1974

Wildemann, H.: Kostenprognosen bei Großprojekten, Habilitationschrift Köln, Stuttgart, 1982

Wilson, S.E.: Design to Cost - A View from the Contract, National Contract Management Journal,Vol.9, No.2, 1975-76, S. 81-88, 1975

Winand, U./Rosenstengel, B.: Interaktive Improvisation von Flugplänen auf der Basis der Petri-Netztheorie, ZfB 50 (11/12/1980) S. 1129-1256, 1980

Witt, U.: Individualistische Grundlagen der evolutorischen Ökonomik, Tübingen, 1987

Witte, T.: Simulationstheorie und ihre Anwendung auf betriebliche Systeme, Wiesbaden, 1973

Wnuk, A.: The Automation of Simulation Runs by an Objectives-Driven Simulation with BORIS, in: Proceedings Summer Computer Simulation Conference, Reno, Nevada, 1986

Wolff, M.: Optimale Instandhaltungspolitiken in einfachen Systemen, Berlin, Heidelberg, New York, 1970

Wübbenhorst, K.L.: Konzept der Lebenszykluskosten, Darmstadt, 1984

Zahn, E.: Strategische Planung zur Steuerung der langfristigen Unternehmensentwicklung, Berlin, 1979

Zahn, E. (Hrsg): Technologie- und Innovationsmanagement, Berlin, 1986

Zangemeister, C.: Nutzwertanalyse in der Systemtechnik, München, 1976

Zeigler, B.P.: Multifacetted Modelling and Discrete Event Simulation, London, 1984